「十二五」高职高专体验互动式创新规划教材

SHUJUKU YINGYONGJISHU SQL Server PIAN

数据库应用技术
——SQL Server篇

主　编　阎宏艳　王海波

副主编　梁　倩　吴荣珍　薛慧敏
　　　　王世刚　王金强

编　者　李祥杰　施艳容　陈震霆
　　　　王　妍　何志永　侯志强

哈尔滨工业大学出版社

图书在版编目 (CIP) 数据

数据库应用技术. SQL Server 篇 / 阎宏艳，王海主
编. — 哈尔滨：哈尔滨工业大学出版社，2013. 1
ISBN 978-7-5603-3853-8

Ⅰ. ①数⋯　Ⅱ. ①阎⋯　②王⋯　Ⅲ. ①数据库系统—
高等职业教育—教材　②关系数据库系统—数据库管理系统
—高等职业教育—教材　Ⅳ. ① TP311. 13

中国版本图书馆 CIP 数据核字 (2012) 第 283340 号

责任编辑　刘　瑶
封面设计　唐韵设计
出版发行　哈尔滨工业大学出版社
社　　址　哈尔滨市南岗区复华四道街 10 号　邮编 150006
传　　真　0451-86414749
网　　址　http: // hitpress. hit. edu. cn
印　　刷　三河市玉星印刷装订厂
开　　本　850mm×1168mm　1/16　印张 15　字数 444 千字
版　　次　2013 年 1 月第 1 版　2013 年 1 月第 1 次印刷
书　　号　ISBN 978-7-5603-3853-8
定　　价　30.00 元

PREFACE 前言

数据库技术是一门综合性技术，当今热门的信息系统都离不开数据库技术强有力的支持。数据库知识丰富，具有理论性、实践性和应用性强的特点，不仅可与现有的IT系统链接，也可以与 Oracle、DB2等数据配合，实现基于策略的管理，从而减少管理时间；同时，能通过服务器整合和虚拟化来降低成本，并在整个企业范围内提供高级别的安全性、可靠性和可扩展性服务。SQL Server数据库管理系统作为负责数据库存取、维护和管理的系统软件，是信息系统的重要组成部分，它可以有组织地、动态地存储大量相关数据，是提供数据处理和信息资源共享的便利手段。

本教材以培养技能型人才为目标，以就业为导向，着力突出SQL Server数据库管理系统实用性强、应用范围广的特点，具有以下特色：

1.教材内容设置遵循技能教育原则，理论与实践紧密结合

本套教材的编写着重突出了新技术、新方法、新设备、新内容、新体验的原则，即"五新"原则。采用"教·学·做1+1"体验互动式的编写思路。即"理论（1）+ 实践（1）"，通过对项目的互动体验，更好地掌握所学知识。

2.教材采用项目化教学，大量实例贯穿整个教材，实用性强

本书采用项目化教学，遵循"必需、够用"的原则，取材广泛，内容新颖，深入浅出，注重实用性和实践技能的培养。

3.教材立足学生，以培养技能型人才为目标，内容符合实际需求

该教材本着"必需、够用"的原则，内容详实，简洁易懂，实用性强，便于读者理解和学习。全书由11个模块构成，主要内容包括数据库的基础知识，数据库、数据表的创建及管理，数据查询，索引和视图的操作，SQL Server程序设计，实现数据库的安全管理和日常维护等。每个模块都穿插大量实例，课后都有重点串联、基础练习及技能训练。教材内容充实，语言简洁，条理清晰，理论够用，突出实践，实用性强。

本书在编写过程中参考了大量技术资料，在此向这些作者表示感谢。由于时间仓促，编者水平有限，不足和疏漏在所难免，敬请读者批评指正。

编　者

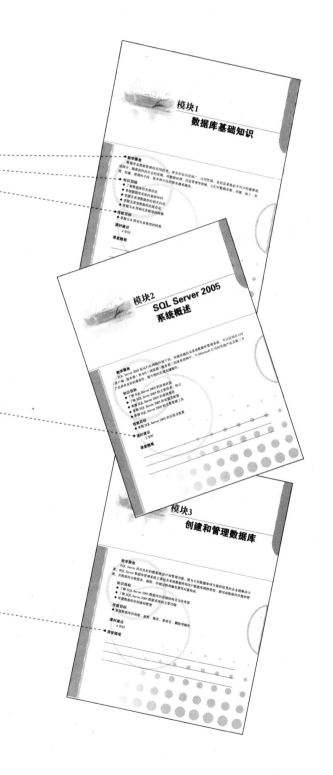

本 | 书 | 学 | 习 | 导 | 航

学 习 目 标

包括教学聚焦、知识目标和技
能目标，列出了学生应了解和掌握
的知识点。

课 时 建 议

建议课时，供教师参考。

课 堂 随 笔

设计笔记版块，供学生学习时
随时记录所发现的问题或者产生的
想法。

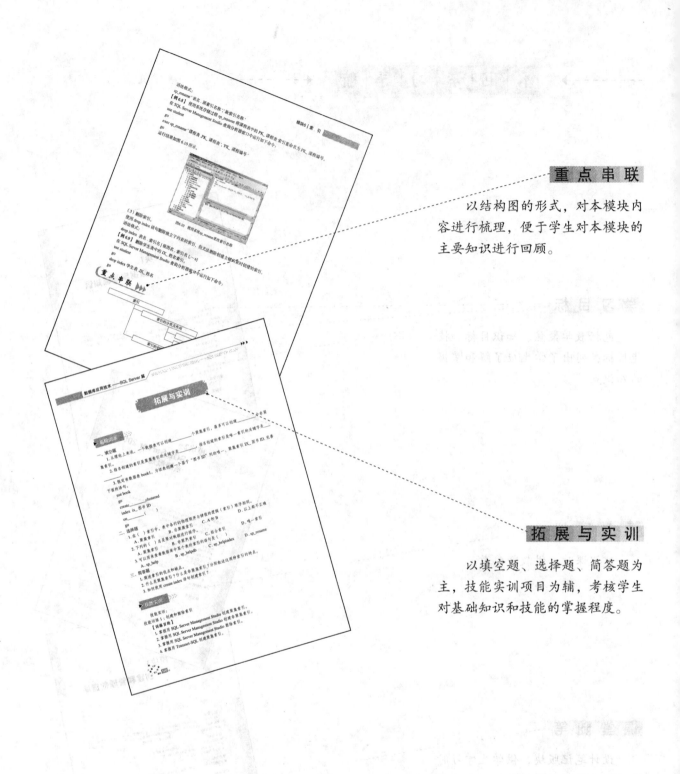

重 点 串 联

以结构图的形式，对本模块内容进行梳理，便于学生对本模块的主要知识进行回顾。

拓 展 与 实 训

以填空题、选择题、简答题为主，技能实训项目为辅，考核学生对基础知识和技能的掌握程度。

目录 Contents

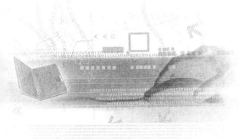

模块1
数据库基础知识

教学聚焦

数据库是数据管理的实用技术，涉及的知识范围广，应用性强，是信息系统必不可少的重要组成部分。随着高科技社会的发展，在数据处理、信息管理等领域，人们对数据采集、存储、加工、处理、传播、管理的手段、技术和方法的要求越来越高。

知识目标

◆ 了解数据库的发展状况
◆ 掌握数据库系统的基础知识
◆ 掌握关系型数据库的相关内容
◆ 掌握关系型数据库的规范化
◆ 掌握 E-R 图和关系模型的转换

技能目标

◆ 掌握 E-R 图和关系模型的转换

课时建议

4 学时

课堂随笔

项目 1.1 数据库系统概述 ‖

数据库是一门综合性技术，涉及操作系统、数据结构、算法设计、程序设计等基础理论知识。随着高科技社会的发展，在数据处理、信息管理等领域，人们对数据采集、存储、加工、处理、传播、管理的手段、技术和方法的要求越来越高。为了更加有效地管理各类数据，数据库技术应运而生。当今热门的信息系统，如管理信息系统、电子商务系统、智能信息系统等，都离不开数据库技术强有力的支持，它可以有组织地、动态地存储大量相关数据，是提供数据处理和信息资源共享的便利手段。

1.1.1 数据库、数据库管理系统及数据库系统

1. 数据库

数据库（Database，DB）是指按照数据结构来组织、存储和管理数据的仓库，是存储在一起的相关数据的集合。随着信息技术和市场的发展，数据管理不再仅仅是存储和管理数据，而转变成用户所需要的各种数据管理的方式。

数据库是数据管理的新方法和新技术，它能更合适地组织数据、更方便地维护数据、更严密地控制数据和更有效地利用数据。用户采集到的大量数据，可以长时间保存并等待进一步处理，用户可随时便捷地从中提取有用的信息。数据的存储独立于使用它的程序，对数据库插入新数据、修改和检索原有数据均能按一种公用的和可控的方式进行。

2. 数据库管理系统

数据库管理系统（Database Management System，DBMS）是一种操纵和管理数据库的大型软件，用于建立、使用和维护数据库。它对数据库进行统一的管理和控制，以保证数据库的安全性和完整性。用户通过数据库管理系统访问数据库中的数据，数据库管理员也通过数据库管理系统进行数据库的维护工作。它提供多种功能，可使多个应用程序和用户用不同的方法在同一时刻或不同时刻去建立、修改和询问数据库。它使用户能方便地定义和操纵数据，维护数据的安全性和完整性，以及进行多用户下的并发控制和恢复数据库。其主要功能包括以下几个方面。

（1）数据的定义。

DBMS 提供数据定义语言，供用户定义数据库的对象、完整性约束和保密限制等约束。

（2）数据操作。

DBMS 提供数据操作语言，供用户实现对数据的操作，如修改、插入、删除和查询。

（3）数据组织、存储与管理。

DBMS 要分类组织、存储和管理各种数据，包括数据字典、用户数据、存取路径等，需确定以何种文件结构和存取方式在存储级上组织这些数据，如何实现数据之间的联系。数据组织和存储的基本目标是提高存储空间利用率，选择合适的存取方法提高存取效率，并确保数据正确、有效。

（4）数据库的安全管理。

数据库中的数据是信息社会的战略资源，所以数据的安全管理至关重要。DBMS 对数据库的保护主要通过数据库的恢复、并发控制、完整性控制、安全性控制等来实现。

（5）数据库的建立和维护。

数据库的建立和维护包括数据库初始数据的装入，数据库的转储、恢复、重组织，系统性能监视、分析等功能。

（6）数据传输的功能。

DBMS 提供处理数据的传输，实现用户程序与 DBMS 之间的通信，通常与操作系统协调完成。

3. 数据库系统

数据库系统（Database System，DBS）是一个能存储、维护和为应用系统提供数据的软件系统，

是存储介质、处理对象和管理系统的集合体。

数据库系统通常由软件、数据库、数据管理员和用户组成。其软件主要包括操作系统、各种宿主语言、实用程序以及数据库管理系统。数据库由数据库管理系统统一管理，数据的插入、修改和检索均要通过数据库管理系统进行。数据管理员负责创建、监控和维护整个数据库，使数据能被任何有权使用的人有效使用。

⋰⋱⋰ 1.1.2 数据库的发展阶段

1. 人工管理阶段

在 20 世纪 50 年代中期之前，硬件存储设备只有磁带、卡片和纸带，软件方面还没有操作系统，当时的计算机主要用于科学计算。该阶段数据处理方式采用批处理。

这个时期的数据管理有以下特点：

（1）没有专用的数据管理软件，数据与程序不独立。

由于计算机中没有支持数据管理的软件，因此在程序中不仅要规定数据的逻辑结构，还要设计其物理结构，包括存储结构、存取方法、输入输出方式等，当数据的物理组织或存储设备改变时，用户程序就必须重新编制。

（2）数据不共享。

由于数据的组织面向应用，不同的计算程序之间不能共享数据，使得不同的应用之间存在大量的重复数据，很难维护应用程序之间数据的一致性。

2. 文件系统阶段

20 世纪 50 年代中期到 60 年代中期，由于计算机大容量存储设备的出现，推动了软件技术的发展，计算机中有了专门管理数据库的软件——操作系统（文件管理）。

这个时期的数据管理具有以下特点：

（1）有位于操作系统中的数据管理软件。

数据以文件为单位存储在外存，且由操作系统统一管理。操作系统为用户使用文件提供了友好界面。

（2）数据可长期保存。

因为有外部存储设备，所以数据可以长期保存，且数据不面向应用，可以对数据进行反复操作，如查询、修改、插入、删除等。

（3）数据独立性差。

文件的逻辑结构与物理结构脱钩，程序和数据分离，使数据与程序有了一定的独立性。由于数据的组织结构是基于特定用途的，而应用程序依赖于物理组织，当数据结构发生变化时，必须修改相应的应用程序，当应用程序发生变化时，也必将引起数据结构的改变。

（4）数据共享性差。

用户的程序与数据可分别存放在外存储器上，各个应用程序可以共享一组数据，实现以文件为单位的数据共享。由于文件之间互相独立，因此它们不能反映现实世界中事物之间的联系，操作系统不负责维护文件之间的联系信息。如果文件之间有内容上的联系，那么也只能由应用程序去处理。不同的用户之间有许多共同的数据，分别保存在各自的文件中，由于数据的组织仍然是面向程序，所以存在大量的数据冗余，而且数据的逻辑结构不能方便地修改和扩充。

3. 数据库系统阶段

20 世纪 60 年代中期以后，随着计算机在数据管理领域的普遍应用，数据量不断增加，数据共享要求越来越高，人们对数据管理技术提出了更高的要求。为了满足多用户、多应用共享数据的需求，出现了数据库技术。

（1）应用数据模型，数据结构化。

数据库面向企业或部门，采用一定的数据模型，数据模型不仅要描述数据本身的特点，而且要描述数据之间的联系。

（2）数据共享性好、易扩展。

数据可以被多个用户和应用程序共享。数据不再面向某个应用程序，不同的应用程序可以访问同一数据。以数据为中心组织数据，形成综合性的数据库；不同的应用程序根据处理要求，从数据库中获取需要的数据，减少数据的重复存储，便于增加新的数据结构，也便于维护数据的一致性；提供更高的数据共享能力；对数据进行统一管理和控制；提供数据的安全性、完整性以及并发控制。

（3）数据独立性高。

程序和数据具有较高的独立性，当数据的逻辑结构改变时，既不涉及数据的物理结构，也不影响应用程序，还可以降低应用程序研制与维护的费用。

4. 高级数据库阶段

随着信息管理内容的不断扩展，出现了丰富多样的数据模型（如层次模型、网状模型、关系模型、面向对象模型、半结构化模型等），新技术也层出不穷（如数据流、Web 数据管理、数据挖掘等）。目前每隔几年，国际上一些资深的数据库专家就会聚集一堂，探讨数据库的研究现状、存在的问题和未来需要关注的新技术及新焦点。

项目 1.2 数据模型

数据（Data）是描述事物的符号记录。模型（Model）是现实世界的抽象。数据模型（Data Model）是数据特征的抽象，是数据库管理的教学形式框架。数据库系统用来提供信息表示和操作手段的形式构架。数据模型包括数据库数据的结构部分、操作部分和约束条件。

数据模型按不同的应用层次分为三种类型：概念模型、数据模型和物理模型。

1.2.1 概念模型

概念模型是从现实世界抽象出的第一层模型，主要用来描述世界的概念化结构、分析数据以及显示数据之间的联系等，与具体的数据管理系统无关。概念模型必须换成数据模型，才能在 DBMS 中实现。

最常用的概念模型是 E-R 模型，表现形式为 E-R 图。E-R 图也称为实体-联系图，提供了表示实体类型、属性和联系的方法。它是描述现实世界概念结构模型的有效方法。

1. 概念

（1）实体。

实体是客观存在并可相互区别的事物。自然界客观存在的人、事物均可以看作实体。例如，一门课程、一个学生、一张课桌等。

（2）属性。

属性是实体具有的某种特性，属性的具体取值为属性值。例如，学生实体由学号、姓名、年龄、出生日期等属性组成，这些属性组合起来体现了一个学生的特征。

（3）码。

唯一确定实体的属性或属性集称为码。例如，学生的学号能够标识每一个学生，学号是学生实体的码。

（4）实体集。

具有相同属性和性质的实体的集合称为实体集。例如，所有学生就是一个实体集。

（5）联系。

联系指实体与实体之间的关联，在概念模型中表现为实体内部之间的联系和实体与实体之间的联系。实体间的联系分为一对一、一对多和多对多三种类型。

①一对一联系（1：1）。一个实体集中的每一个实体在另一个实体集中至多有一个实体与之有关联。例如，一个系有一个系主任，一个系主任只管理一个系，这样的联系就是一对一联系，其E-R图如图1.1所示。

②一对多联系（1：n）。实体集A中的每一个实体在实体集B中可能有多个实体与之有关联，且实体集B中的每一个实体在实体集A中至多有一个实体与之有联系。例如，一个班级有多个学生，一个学生只属于一个班级，这样的联系就是一对多联系，其E-R图如图1.2所示。

③多对多联系（m：n）。一个实体集中的每一个实体在另一个实体集中可能有多个实体与之有关联。例如，一名学生学习多门课程，一门课程被多名学生选修，这样的联系就是多对多联系，其E-R图如图1.3所示。

2. 用E-R模型表示实体、属性和联系

实体——用矩形表示，矩形内标注实体名称。

属性——用椭圆表示，用线段将其与实体连接。

联系——用菱形表示，在菱形内标注联系名，在线段旁标注联系类型。

根据联系的三种类型，E-R图有不同的表示方法（图1.1 ~ 1.3）。

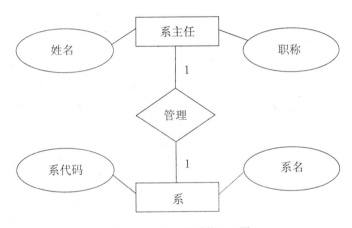

图1.1　一对一联系的E-R图

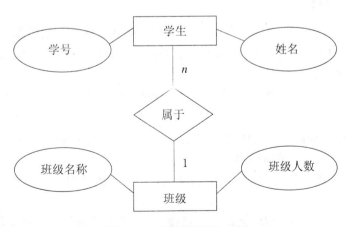

图1.2　一对多联系的E-R图

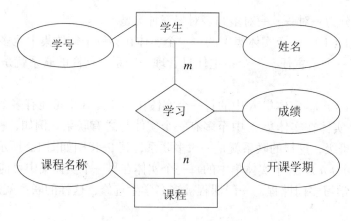

图1.3　多对多联系的E-R图

【例1.1】 以学生管理系统为例，对某专业学生学习课程的模块绘制其 E-R 图（图 1.4）。

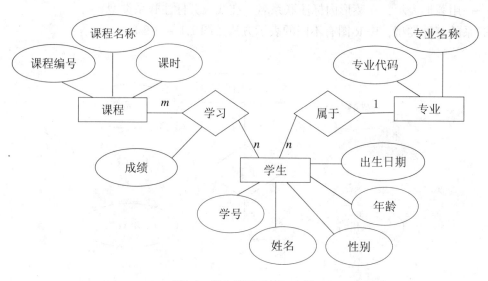

图1.4　学生管理系统E-R图

1.2.2 数据模型

数据模型是用户从数据库所看到的模型，是具体的 DBMS 所支持的数据模型，如网状数据模型 (Network Data Model)、层次数据模型 (Hierarchical Data Model) 等。此模型既要面向用户，又要面向系统，主要用于 DBMS 的实现。

在数据库领域采用的是层次模型、网状模型及关系模型，其中应用最广泛的是关系模型。

1. 层次模型

层次模型采用树形结构来表示实体之间的联系。树的每个结点表示一个实体或实体集，结点间的连线表示相连实体或实体集之间的关系。

特点：层次模型将数据组织成一对多关系的结构，层次结构采用关键字来访问其中每一层次的每一部分。

优点：数据存取方便、快捷；层次清晰，容易理解；数据易修改，数据库易扩充。

缺点：只能表示一对多关系，结构呆板，缺乏灵活性；同一属性数据需存储多次，数据冗余大。

2. 网状模型

网状模型比层次模型更具普遍性，允许多个结点没有双亲结点，允许结点有双亲结点。模型中的每个结点表示一个实体集，每个实体包含若干个属性。

特点：将数据组织成多对多关系的结构，用连接指令或指针来确定数据间的显式连接关系。

优点：能明确表示数据间的复杂关系，数据冗余小。

缺点：结构复杂，数据查询和定位困难；需存储数据间联系的指针，数据量大；数据修改不便。

3. 关系模型

关系模型数据的逻辑结构为一张二维表，由行和列组成。在关系模型中，实体与实体之间的联系都用关系来表示。

特点：以记录组或数据表的形式组织数据，利用各种实体与属性之间的关系进行存储和变换，不分层也无指针，是建立空间数据和属性数据之间关系的一种非常有效的数据组织方法。

优点：结构灵活，便于查询；能搜索、组合和比较不同类型的数据；数据修改方便。

缺点：当数据库大时，查找满足特定关系的数据费时；无法满足空间关系。

∵∴∵ 1.2.3 物理模型

物理模型是面向计算机物理表示的模型，描述了数据在储存介质上的组织结构，它不但与具体的 DBMS 有关，而且与操作系统和硬件有关。每种逻辑数据模型在实现时都有其对应的物理数据模型。DBMS 为了保证其独立性与可移植性，大部分物理数据模型的实现工作由系统自动完成，而设计者只设计索引、聚集等特殊结构。

项目 1.3 关系型数据库 ‖

关系模型是目前最重要的一种数据模型，关系型数据库就是采用关系模型方式组织数据。一个关系型数据库包含多个数据表。

∵∴∵ 1.3.1 关系模型的数据结构

1. 关系

对应数据表，一个关系对应一张表。

2. 属性

表中的列，一列就是一个属性。

3. 记录

表中的行，一行就是一个记录，也称为元组。

4. 主关键字

主关键字也称为主键，是表中的一个或多个属性，它的值用于唯一标识表中的某一条记录。

在两个表的关系中，主关键字用来在一个表中引用来自于另一个表中的特定记录。主关键字是一种唯一关键字，表定义的一部分。一个表不能有多个主关键字，并且主关键字的列不能包含空值。

5. 候选关键字

候选关键字可以用来做主键的属性或属性的组合。

6. 公共关键字

公共关键字指连接两个表的公共属性。

7. 外关键字

外关键字也称为外键，是由表中的一个或多个属性组成，能表示另一个表的主键。外关键字只是主键的备份，它是公共关键字，可以用来描述表和表之间的联系。

外关键字的取值不唯一，允许有重复值，也允许为空值（null）。

8. 主属性

在一个关系中，如果一个属性是构成某一个候选关键字的属性集中的一个属性，则称它为主属性。

9. 非主属性

非主属性是相对于主属性来定义的，不包含在任何一个候选关键字中的属性称为非主属性。

❖❖❖❖ 1.3.2 关系型数据库的规范化

在以关系数据库为基础的应用系统中，数据库的设计优劣会直接影响整个应用系统的性能和效率。一个设计不合理的关系模式可能造成许多操作上的问题。关系模型规范化的目的是为了消除存储异常，减少数据冗余，保证数据的完整性、正确性、一致性和存储效率，一般规范到第三范式即可。

所谓范式，是关系型数据库关系模式规范化的标准，从规范化的宽松到严格，分别为不同的范式，通常使用的有第一范式、第二范式、第三范式及 BC 范式等。范式是建立在函数依赖基础上的。

1. 函数依赖

设 $R(U)$ 是一个属性集 U 上的关系模型，X 和 Y 是 U 的子集。

若对于 $R(U)$ 的任意两个可能的关系 r_1，r_2，若 $r_1[x]=r_2[x]$，则 $r_1[y]=r_2[y]$，或者若 $r_1[x]$ 不等于 $r_2[x]$，则 $r_1[y]$ 不等于 $r_2[y]$，称为 X 决定 Y，或者 Y 依赖于 X，用符号 $X \rightarrow Y$ 表示。其中，X 为决定因素，Y 为被决定因素。简单说就是：某个属性决定另一个属性时，称另一属性依赖于该属性。例如，在设计学生表时，一个学生的学号能决定学生的姓名，也可称姓名属性依赖于学号，对于现实来说，就是如果知道一个学生的学号，就一定能知道学生的姓名，这种情况就是姓名依赖于学号，这就是函数依赖。

常见的函数依赖主要有完全函数依赖、部分函数依赖和传递函数依赖。

（1）完全函数依赖。

在关系模式 $R(U)$ 中，设 X，Y 是关系模式 $R(U)$ 中不同的属性子集，若存在 $X \rightarrow Y$，且不存在 X 的任何真子集 X'，使得 $X' \rightarrow Y$，则称 Y 完全函数依赖于 X。

例如，关系模式 R_1（学号，姓名，年龄），姓名完全函数依赖于学号，年龄也完全函数依赖于学号。

（2）部分函数依赖。

在关系模式 $R(U)$ 中，X，Y 是关系模式 $R(U)$ 中不同的属性子集，若 $X \rightarrow Y$ 成立，如果 X 中存在任何真子集 X'，而且有 $X' \rightarrow Y$ 也成立，则称 Y 对 X 是部分函数依赖。

例如，关系模式 R_2（学号，课程号，姓名，成绩），（学号，课程号）能够决定姓名，学号也能够决定姓名，则称姓名部分函数依赖于（学号，课程号）。

（3）传递函数依赖。

在关系模式 $R(U)$ 中，X，Y，Z 是关系模式 $R(U)$ 中不同的属性子集，存在 $X \rightarrow Y$ 且 $Y \rightarrow Z$，则称 Z 传递函数依赖于 X。

例如，关系模式 R_3（学号，姓名，性别，专业代码，专业名称），学号能够决定专业代码，专业代码能够决定专业名称，即学号→专业代码，专业代码→专业名称，则称专业名称传递依赖于学号。

2. 第一范式（1NF）

第一范式是指在关系模式中，每个关系的属性都是不可再分的数据项，也就是说，每一个属性都是原子项，不可分割。

第一范式是关系模式应具备的最起码的条件，如果数据库设计不能满足第一范式，就不能称为关系型数据库。关系数据库设计研究的关系规范化是在第一范式之上进行的。

例如，学生联系（表 1.1）由于联系方式为可再分属性，所以不满足第一范式要求，应将其规范化。第一范式规范化只需将关系模式可再分的属性拆分至不可再分即可。表 1.2 是满足第一范式的联系表。

表 1.1　学生联系表

学　号	姓　名	性　别	联系方式	
			固定电话	手　机
1041·10101	李华	男	66910231	13012356215
104110102	周新	男	66021576	13212756893
104110103	王文娟	女	66367589	13821032750

表 1.2　满足第一范式的学生联系表

学　号	姓　名	性　别	固定电话	手　机
104110101	李华	男	66910231	13012356215
104110102	周新	男	66021576	13212756893
104110103	王文娟	女	66367589	13821032750

3. 第二范式（2NF）

如果关系模型是第一范式，且每个非主属性完全函数依赖于主键，那么就称其为第二范式。

第二范式满足以下条件：首先要满足第一范式；其次，每个非主属性要完全函数依赖于主键，每个非主属性是由整个主键决定的，而不能由主键的一部分来决定。

关系模式 RC（课程号，课程名称，学分，开课学期），课程号为主键，课程名称、学分、开课学期为非主属性。在这个关系模式中，每个非主属性都完全函数依赖于主键，则称该关系模式满足第二范式。

关系模式 RCS（学号，课程号，课程名称，学分，成绩），（学号，课程号）为主键，课程名称、学分、成绩为非主属性。在这个关系模式中，只有成绩完全函数依赖于（学号，课程号），课程名称、学分则可由课程号决定，即课程名称、学分部分函数依赖于主键，不满足第二范式。

对于不满足第二范式的关系模式，应该将其规范化，规范化的方法是关系分解。第二范式规范化关系分解的方法是：将部分函数依赖于主键的非主属性及其所依赖的主属性提出组成新的关系模式，将完全函数依赖于主键的非主属性及主键组成一个关系模式。

根据上述方法，关系模式 RCS（学号，课程号，课程名称，学分，成绩）可分解为两个关系模式：

RCS_1(课程号，课程名称，学分)

RCS_2(学号，课程号，成绩)

分解后的关系模式既满足第二范式，也可通过课程号属性进行连接操作。

4. 第三范式（3NF）

如果关系模式是第二范式，且关系模式中的所有非主属性对主关键字都不存在传递依赖，则称该关系属于第三范式。

第三范式满足以下条件：首先要满足第二范式；其次非主属性之间不存在依赖。由于满足了第二范式，表示每个非主属性都依赖于主键。如果非主属性之间存在依赖，就会存在传递依赖，这样就不满足第三范式。

关系模式 RC（课程号，课程名称，学分，开课学期），课程号为主键，课程名称、学分、开课学期为非主属性，该关系模式满足第二范式，且不存在非主属性函数依赖于非主属性的现象，则称该关系模式满足第三范式。

关系模式 RU（学号，姓名，性别，年龄，班级名称，班级人数），学号为主键，其余属性为非主属性，在这个关系模式中，所有非主属性都函数依赖于主键，满足第二范式，但是存在学号→班级名称，班级名称→班级人数的关系，即存在非主属性函数依赖于非主属性的现象，该关系不满足第三范式。在这个关系模式中，我们称班级名称为其传递作用的非主属性。

对于不满足第三范式的关系模式，应该将其规范化，规范化的方法仍然是关系分解。第三范式规范化关系分解的方法是：将其传递作用的非主属性及其决定的非主属性提出组成新的关系模式，将剩下的属性和其传递作用的非主属性一起组成一个关系模式。

根据上述方法，关系模式 RU（学号，姓名，性别，年龄，班级名称，班级人数）可分解为两个关系模式：

RU_1(班级名称，班级人数)

RU_2(学号，姓名，性别，年龄，班级名称)

分解后的关系模式既满足第三范式，也可通过班级名称属性进行连接操作。

1.3.3 E-R 图与关系模型的转换

1.E-R 图转换关系模型原则

E-R 图是建立数据模型的基础，这里重点掌握由 E-R 图转换为关系数据模型，即把 E-R 图转换为一个个关系框架，使之相互联系构成一个整体结构化的数据模型，转换的原则如下：

（1）E-R 图中每个实体，都相应地转换为一个关系，该关系包括对应实体的全部属性，并应根据该关系表达的语义确定出关键字，因为关系中关键字属性（包括主关键字和外关键字）是实现不同关系联系的主要手段。

（2）对于 E-R 图中的联系，根据不同的联系方式，或将联系反映在关系中，或将联系转换成一个关系。

2.E-R 图转换关系模型方法

E-R 图有三种不同的联系方式，根据联系方式的不同，E-R 图转换关系模型的方法也不同。

（1）一对一联系。

对于 1∶1 的联系方式，两个实体分别转换为两个关系，每个实体保留自己的属性，同时将任意一实体的主关键字加入另一实体的关系中作为外关键字。

如图 1.1 所示，共有系主任和系两个实体，在转换关系模型时这两个实体对应两个关系，将系主任实体的主关键字加入系实体中做外键，或将系实体的主关键字加入系主任实体中做外键。转换后的关系模式为：

系主任（姓名，职称，系代码）

系（系代码，系名称）

或

系主任（姓名，职称）

系（系代码，系名称，姓名）

（2）一对多联系。

对于 1∶n 的联系方式，两个实体分别转换为两个关系，保留自己的属性，同时将一方的主关键字加入到多方中，作为多方的一个外关键字。

如图 1.2 所示，共有学生和班级两个实体，在转换关系模型时这两个实体对应两个关系，将班级（一方）实体的主关键字加入学生（多方）实体中做外键。转换后的关系模式为：

班级（班级名称，班级人数）

学生（学号，姓名，班级名称）

（3）多对多联系。

对于 $m:n$ 的联系方式，将两个实体分别转换为两个关系并保留自己的属性，再将联系也转换为一个关系，该关系的关键字由两个实体的关键字组合在一起，称为组合关键字，并附上联系的属性。

如图 1.3 所示，共有学生和课程两个实体，在转换关系模型时这两个实体对应两个关系。联系学习也转换成一个关系，将实体的主键组合起来做其主键。转换后的关系模式为：

学生（学号，姓名）

课程（课程名称，开课学期）

学习（学号，课程名称，成绩）

【例 1.2】 根据上述 E-R 图转换关系模型的方法，将图 1.4 所示的 E-R 图转换为关系模式。

专业（专业代码，专业名称）

学生（学号，姓名，性别，年龄，出生日期，专业代码）

课程（课程编号，课程名称，学时）

学习（学号，课程编号，成绩）

重点串联 ▶▶▶

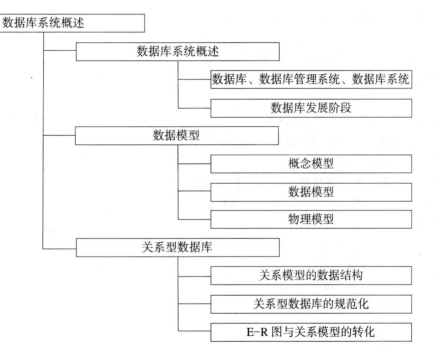

拓展与实训

▶ 基础训练

一、填空题

1. 数据模型分为_____、_____和_____三种。

2. 用于唯一地标识表中的某一条记录的属性称为_____。

3. 实体与实体之间的联系有_____、_____和_____。

4. 关系型数据库中每一行称为一个_____，每一列称为一个_____。

5. 从规范化的宽松到严格，范式分为_____、_____和_____三种。

6. E-R 图构成的三个要素是_____、_____和_____。

二、选择题

1. 不属于数据库管理阶段特点的是（　　）。

　　A. 数据结构化　　　　　　　　B. 数据独立性差

　　C. 数据共享性高　　　　　　　D. 易扩展

2. 关系型数据库中的关系应满足一定的要求，最基本的要求是达到 1NF，即满足（　　）。

　　A. 主键唯一标识表中的每一行

　　B. 关系中的行不允许重复

　　C. 每个属性都是不可再分的基本数据项

　　D. 每个非主属性都完全依赖于主属性

三、简答题

1. 简述数据库、数据库管理系统、数据库系统的概念及相互间的联系。

2. 数据库系统发展分为哪几个阶段？每个阶段都有什么特点？

3. 简述关系模型的特点及优缺点。

▶ 技能实训

　　掌握 E-R 模型与关系模型的转换。

技能实训 1：创建项目管理系统，设计该系统的 E-R 图。

　　该系统包含以下信息和功能：

1. 职工信息：包括职工号、姓名、性别、年龄、部门、联系电话及职称，其中职工号为唯一标识符。

2. 项目信息：包含项目编号及项目名称，其中项目编号为唯一标识符。

3. 奖金信息：包含职工号、项目编号、奖金。

4. 一名职工可以承担多个项目，一个项目可以由多名职工承担。

5. 每名员工因为承担的项目不同，奖金也不同。

技能实训 2：将项目管理系统的 E-R 图转换为关系模型。

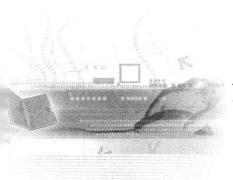

模块2
SQL Server 2005 系统概述

教学聚焦

SQL Server 2005 是运行在网络环境下的、性能优越的关系型数据库管理系统，可以应用在 C/S（客户端 - 服务器）和 B/S（浏览器 - 服务器）的体系结构中，与 Microsoft 公司的其他产品及第三方产品具有良好的兼容性，能方便的实现无缝操作。

知识目标

◆ 了解 SQL Server 2005 的发展状况

◆ 了解 SQL Sever 2005 的主要技术、特点

◆ 掌握 SQL Server 2005 的系统要求

◆ 掌握 SQL Server 2005 的安装及配置

◆ 掌握 SQL Server 2005 的主要管理工具

技能目标

◆ 掌握 SQL Server 2005 的安装及配置

课时建议

2 学时

课堂随笔

项目 2.1　SQL Server 2005 简介

SQL Server 是一个性能优越的关系数据库管理系统（Relational Datebase Management System, RDMS），也是一个典型的网络数据库管理系统，支持多种操作系统平台，性能可靠、易于使用。它是一种面向数据库的通用数据处理语言规范，能提供提取查询数据，插入、修改、删除数据，生成、修改和删除数据库对象，数据库安全控制、数据库完整性及数据保护控制等功能。

SQL Sever 2005 是 Microsoft 推出的新一代数据管理与分析软件，它给企业级应用数据和分析程序提供了一个安全、完整、灵活、高效的数据解决方案，使得它们更易于被创建、部署和管理，进而大大提高了开发人员的工作效能，受到企业广泛欢迎和应用。SQL Sever 2005 新增功能的特性如下：

（1）SQL Server 2005 是一个全面的数据库平台，使用集成的商业智能工具，提供了企业级的数据管理。SQL Server 2005 数据库引擎为关系型数据和结构化数据提供了更安全、更可靠的存储功能，使用户可以构建和管理用于业务的高可用性和高性能的数据。

（2）SQL Server 2005 数据引擎是企业数据管理解决方案的核心。此外，SQL Server 2005 结合了分析、报表、集成和通知功能，使企业可以构建和部署经济有效的商业智能解决方案。

（3）SQL Server 2005 是用于大规模联机事务处理 (OLTP)、数据仓库和电子商务应用的数据库和数据分析平台。

（4）SQL Server 2005 所增加的几个主要特性，重点关注的是企业数据管理、开发人员生产力和商务智能。

1.SQL Server 2005 的体系结构

SQL Server 2005 是基于 Client/Server 体系结构的关系型数据库管理系统，它具有可伸缩性、可用性和可管理性。SQL Server 2005 使用 Transact-SQL 语句在 Server 和 Client 之间传送请求，这种结构如图 2.1 所示。

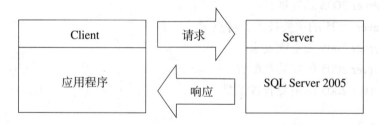

图2.1　SQL Server 2005的体系结构

2.SQL Server 2005 的主要发展历程及版本号

1995 年，推出 SQL Server 6.0 ；

1996 年，推出 SQL Server 6.5 ；

1998 年，推出 SQL Server 7.0 ；

2000 年，推出 SQL Server 2000 ；

2005 年，推出 SQL Server 2005。

SQL Server 2005 的版本：

企业版 SQL Server 2005 Enterprise Edition (32 位和 64 位)；

开发人员版 SQL Server 2005 Developer Edition （32 位和 64 位）；

标准版 SQL Server 2005 Standard Edition (32 位和 64 位)；

工作组版 SQL Server 2005 Workgroup Edition （仅适用于 32 位）；

简易版 SQL Server 2005 Express Edition （仅适用于 32 位）。

3.SQL Server 2005 的特点

（1）真正的客户机/服务器体系结构。

（2）图形化用户界面，使系统管理和数据库管理更加直观、简单。

（3）丰富的编程接口工具，为用户进行程序设计提供了更大的选择余地。

（4）SQL Server 与 Windows 完全集成，利用了 Windows 的许多功能，如发送和接受消息，管理登录安全性等。

（5）对 Web 技术的支持，使用户能够很容易地将数据库中的数据发布到 Web 页面上。

（6）SQL Server 提供数据仓库功能，这个功能只在 Oracle 和其他更庞大的 DBMS 中才有。

项目 2.2　安装 SQL Server 2005

2.2.1 SQL Server 2005 的使用环境

SQL Server 2005 是大型数据库系统，在计算机上安装此系统时，一定要明确硬件和软件的需求，在 32 位平台上运行 SQL Server 2005 的要求与在 64 位平台上的要求不同，下面列出部分运行 Microsoft SQL Server 2005 的最低硬件和软件要求。

1. 硬件要求

处理器：主频不低于 600 MHz。

内存：推荐 512 MB。

硬盘空间：SQL Server 数据库组件为 5 ～ 390 MB。

监视器：VGA 或更高分辨率；SQL Server 图形，工具要求 1 024×768 或更高分辨率。

定位设备：Microsoft 鼠标或兼容设备。

2. 软件要求

IE 6.0（控制台及 HTML 帮助）。

IIS 5.0（报表服务）。

ASP.NET 2.0（报表服务）。

.NET Framework 2.0。

2.2.2 安装组件与选择

SQL Server 2005 的安装对硬件和软件都有一定的要求，软件和硬件的不兼容或不符合要求都有可能导致安装的失败。所以在安装之前必须弄清楚 SQL Server 2005 对软件和硬件及网络的要求是什么。根据应用程序的需要，安装要求可能有很大不同。SQL Server 2005 的不同版本能够满足企业和个人的不同要求，需要安装哪些 SQL Server 2005 组件也要根据企业或个人的需求而定。

SQL Server 2005 的组件有以下几种：

(1) 服务器组件（表 2.1）。

(2) 客户端组件（表 2.2）。

(3) 管理工具（表 2.3）。

(4) 开发工具（表 2.4）。

(5) 文档和示例。

表 2.1　服务器组件

服务器组件	说　明
SQL Server 数据库引擎	主要用于存储、处理和保护数据的核心服务，复制、全文搜索，以及用于管理关系数据和 XML 数据的工具
Analysis Services	包括用于创建和管理联机分析处理（OLAP），以及数据挖掘应用程序的工具
Reporting Services	包括用于创建、管理和部署表格报表、矩阵报表、图形报表，以及自由格式报表的服务器和客户端组件。它还是一个可用于开发报表应用程序的可扩展平台
Notification Services	是一个平台，用于开发和部署将个性化即时信息发送给各种设备上的用户的应用程序
Integration Services	是一组图形工具和可编程对象，用于移动、复制和转换数据

表 2.2　客户端组件

客户端组件	说　明
连接组件	安装用于客户端和服务器之间通信的组件，以及用于 DB-Library，ODBC 和 OLE DB 的网络库

表 2.3　管理工具

管理工具	说　明
SQL Server Management Studio	SQL Server Management studio（SSMS）是 Microsoft SQL Server 2005 中的新组件，这是一个用于访问、配置、管理和开发 SQL Server 的所有组件的集成环境。SSMS 将 SQL Server 早期版本中包含的企业管理器、查询分析器和分析管理器的功能组合到单一环境中，为不同层次的开发人员和管理人员提供 SQL Server 访问能力
SQL Server 配置管理器	SQL Server 配置管理器为 SQL Server 服务器、服务器协议、客户端协议和客户端别名提供基本配置管理
SQL Server Profiler	SQL Server Profiler 提供了图形用户界面，用于监视数据库引擎实例或 Analysis Services 实例
数据库引擎优化顾问	是协助创建索引、索引视图和分区的最佳组合

表 2.4　开发工具

开发工具	说　明
Business Intelligence Development Studio	用于分析服务、报表服务和集成服务解决方案的集成开发环境

2.2.3 SQL Server 2005 的安装步骤

SQL Server 2005 的安装使用安装向导进行，本节安装的版本是 Microsoft SQL Server Enterprise Edition（32）。

启动【Microsoft SQL Server 安装向导】，单击【下一步】按钮，出现【系统配置检查】界面，将对系统自动进行检查。完成系统配置检查后，系统将要求用户输入安装密钥用以注册，如图 2.2 所示。

单击【下一步】按钮，在接下来的【要安装的组件】界面中，用户可以自定义选择安装所需要的组件，如图 2.3 所示。

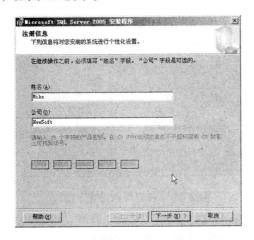

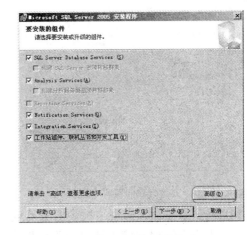

图2.2 【注册信息】窗口   图2.3 【要安装的组件】窗口

用户也可以通过【高级】按钮查看更多的选项，选择安装的程序功能、选择安装的磁盘路径等。

单击【下一步】按钮进行【实例名】的安装，安装向导将提示是否安装默认实例或命名实例，如图 2.4 所示。

● 默认实例 (Default Instance)：仅由运行该实例的计算机在网络中的名称（NetBios 名）唯一标识，一台计算机只能存在一个默认实例。

● 命名实例：除默认实例外，其他所有实例都称为命名实例，命名实例的名称需要在安装过程中指定。

选中【默认实例】单选按钮，单击【下一步】按钮，出现【服务账户】设置界面，在该界面定义登录时使用的账户，如图 2.5 所示。

图2.4 【安装实例名】窗口   图2.5 【服务账户】窗口

选好服务账户后，单击【下一步】按钮，出现【身份验证模式】设置界面，选择【混合模式】，输入密码，如图 2.6 所示。

单击【下一步】按钮，出现【排序规则设置】界面，使用默认设置，如图 2.7 所示。

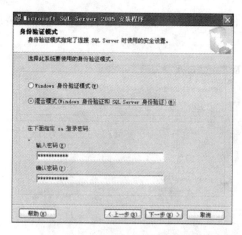
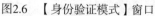
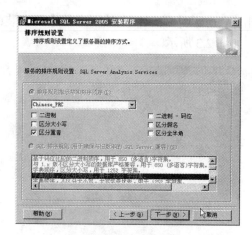

图2.6　【身份验证模式】窗口　　　　　　　图2.7　【排序规则设置】窗口

　　单击【下一步】按钮，出现【报表服务器安装选项】设置界面，选择安装默认配置。单击【下一步】按钮，出现【错误和使用情况报告设置】界面，使用默认配置，如图 2.8 所示。单击【下一步】按钮，出现【准备安装】界面，单击【安装】按钮，开始安装，如图 2.9 所示。

图2.8　【错误和使用情况报告设置】窗口　　　图2.9　【准备安装】窗口

根据提示即可顺利安装 SQL Server 2005。

项目 2.3　SQL Server 2005 服务器配置与管理

2.3.1 SQL Server 2005 的主要管理工具

1. SQL Server Management Studio

　　SQL Server Management Studio 是 SQL Server 2005 数据库产品中最重要的组件，它提供一种新集成环境，用于访问、配置、控制、管理和开发 SQL Server 的所有组件；SQL Server Management Studio 将一组多样化的图形工具与多种功能齐全的脚本编辑器组合在一起，为各种技术级别的开发人员和管理员提供对 SQL Server 的访问，可以用来完成对 SQL Server 2005 数据库的管理、开发与测试任务。

　　选择【开始】→【程序】→【Microsoft SQL Server 2005】→【SQL Server Management Studio】命令，如图 2.10 所示。

图2.10　启动SQL Server Management Studio路径图

打开【连接到服务器】对话框，如图 2.11 所示。

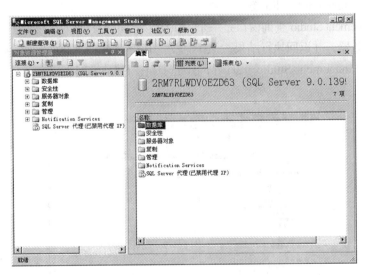

图2.11　连接到服务器界面

可以采用系统默认值，也可以通过下拉列表中的【浏览更多...】，打开【查找服务器】对话框，来完成本地或网络服务器实例的选择输入。

单击【连接】按钮，即可连接到数据库服务器并打开 SQL Server Management Studio 工具窗口，如图 2.12 所示。

图2.12　SQL Server Management Studio工具窗口

SQL Server Management Studio 工具的窗口分为："对象资源管理器"窗口和"文档"窗口两部分。

【对象资源管理器】窗口是服务器中所有数据库对象的树结构视图。对象资源管理器显示其连接的所有服务器的信息。通过【对象资源管理器】窗口中【连接】命令可以连接数据库引擎等操作。

【文档】窗口可以包含查询编辑器窗口和浏览器窗口。在默认情况下，将显示已与当前计算机上的数据库引擎实例连接的【摘要】页。

2.SQL Server 配置管理器

SQL Server 配置管理器是 SQL Server 2005 提供的一种配置工具。它用于管理与 SQL Server 相关联的服务，配置 SQL Server 使用的网络协议，以及从 SQL Server 客户端管理网络连接。使用 SQL Server 配置管理器，可以启动、停止、暂停、恢复和重新启动服务，可以更改服务使用的账户，还可以查看或更改服务器属性，管理服务器和客户端网络协议。

选择【开始】→【程序】→【Microsoft SQL Server 2005】→【配置工具】→【SQL Server Configuration Manager】命令，打开【SQL Server 配置管理器】窗口，如图 2.13、2.14 所示。

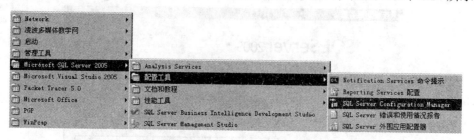

图2.13　启动SQL Server配置管理器

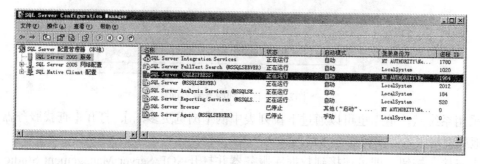

图2.14　【SQL Server配置管理器】窗口

3.SQL Server Management Studio 查询窗口

SQL Server Management Studio 查询窗口是一个提供图形界面的查询管理工具，用于提交 Transact-SQL 语言，然后发送到服务器，并返回执行结果。该工具支持基于任何服务器的任何数据库连接。

在 SQL Server Management Studio 工具界面中选择【新建查询】命令，打开【新建查询】窗口，如图 2.15 所示。

图2.15　【新建查询】窗口

4.SQL Server 事件探查器 (活动监视器)

系统管理员可以借助于 SQL Server 事件探查器,监视 SQL Server 2005 实例中的事件,捕获每个事件的数据,并将其保存到跟踪文件或存储在 SQL Server 表中供以后进行分析,也可以在试图诊断某个问题时用它来重播某一系列的步骤和跟踪结果。

在 SQL Server Management Studio 工具界面中打开【管理】节点,右键单击【活动监视器】节点,选择【查看进程】,如图 2.16 所示。

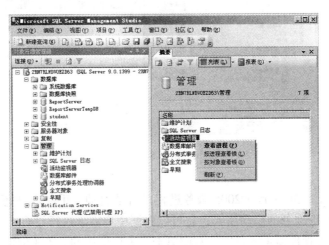

图2.16　启动【活动监视器】

在【活动监视器】窗口中可以查看当前进程的运行状态,如图 2.17 所示。

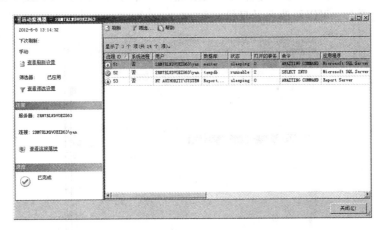

图2.17　当前进程的运行状态图

2.3.2 SQL Server 2005 服务器配置与管理

对 SQL Server 2005 数据库服务器的配置与管理,是 SQL Server 2005 数据库的一般性操作。SQL Server 2005 提供了一系列的管理工具来对其服务器进行配置和管理。

1. 启动、停止、暂停和重新启动 SQL Server 服务

在访问数据库之前,必须先启动数据库服务器。只有合法的用户才可以启动数据库服务器。

(1)在【SQL Server 配置管理器】窗口操作 SQL Server 服务。

在【SQL Server 配置管理器窗口】中,展开【SQL Server 2005 服务】节点,右键单击要进行操作的服务 (本例为 SQL Server (SQLEXPRESS)),在弹出的快捷菜单中选择相应的命令,即可完成对该服务的启动、停止、暂停、恢复和重新启动等操作。

(2)在 SQL Server Manager Studio 工具界面操作 SQL Server 服务。

右键单击服务器对象,在弹出的快捷菜单中选择相应的命令,即可完成启动、停止、暂停、继

续和重新启动等操作，如图 2.18 所示。

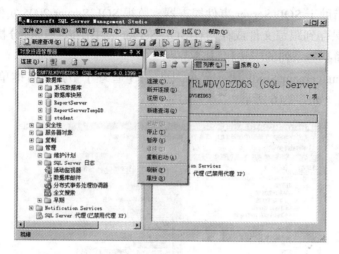

图2.18　SQL Server服务

2. 配置启动模式

服务器操作启动后，SQL Server 2005 服务进程是自动启动、手动启动还是被禁止启动，这些设置被称为 SQL Server 2005 服务的启动模式，它可以根据用户需求进行设置。

在【SQL Server 配置管理器】窗口中，右键单击要进行操作的服务【SQL Server(SQLEXPRESS)】，在快捷菜单中选择【属性】命令，打开【SQL Server（SQLEXPRESS）属性】对话框。单击【服务】选项卡，在【启动模式】选项中，可以将启动模式设置为"自动"、"已禁用"或"手动"，如图 2.19 所示。单击【登录】选项卡，可以更改登录身份。

图2.19　启动模式

3. 注册服务器

在一般情况下，连接到服务器，首先要在 SQL Server Management Studio 工具中对服务器进行注册。注册服务器就是 SQL Server 客户机服务器系统确定一台数据库所在的机器，然后才能使用 SQL Server 管理工具来管理这些服务器。该机器作为服务器，可以为客服端的各种请求提供服务。SQL Server 2005 可以管理多个服务器，因此需要连接和组织服务器，首先要将服务器注册，注册成功后就可以管理组织成逻辑组。第一次运行 SQL Server 管理工具时，它将自动注册本地 SQL Server 所有已安装实例。注册服务器实际上只是保存服务器的连接信息，并非已连接到服务器，将来需要时再连接到服务器上。

注册服务器的操作就是在 SQL Server Management Studio 中登记服务器，然后把它加入到一个指定的服务器中。所有注册的服务器必须属于某一个服务器组，服务器组是多台服务器的逻辑集合，可以利用 SQL Server Management Studio 工具把许多相关的服务器集中在一个服务器组中，方便对多服务器环境的管理操作。

在 SQL Server 中注册服务器可以存储服务器连接信息，以供将来连接时使用。注册服务器可以使用 SQL Server 中的"已注册的服务器"工具注册服务器。

注册服务器的过程如下：

（1）选择【视图】菜单中的【已注册的服务器】选项，打开【已注册的服务器】窗口，该窗口中列出的是经常管理的服务器，如图 2.20 所示。可以在此列表中添加和删除服务器。

图2.20 【已注册的服务器】窗口

（2）在【已注册的服务窗口】窗口中右键单击【数据库引擎】节点，执行【新建】→【服务器注册】命令，弹出【新建服务器注册】对话框，如图 2.21 所示。

（3）单击【常规】选项卡，输入或选择要注册的服务器名称，也可以用新名称替换已注册的服务器名称。

（4）单击【连接属性】选项卡，在图 2.22 的【连接属性】选项窗口中，选择连接到的数据库、网络以及其他连接属性，可以保持默认值。设置完成后，单击【测试】按钮。如果测试成功，会弹出【新建服务器注册连接测试成功】对话框。单击【确定】按钮，最后单击【保存】按钮，完成注册服务器的操作。

图2.21 【新建服务器注册】对话框

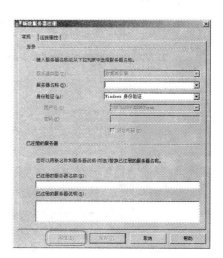

图2.22 【连接属性】对话框

4. 创建服务器组

通过在已注册的服务器中添加服务器组，对数据库实例有效地进行分类管理。具体添加服务器组的操作过程如下：

（1）在【已注册的服务窗口】窗口中右键单击【数据库引擎】节点，执行【新建】→【服务器组】命令，弹出【新建服务器组】对话框，如图 2.23 所示。

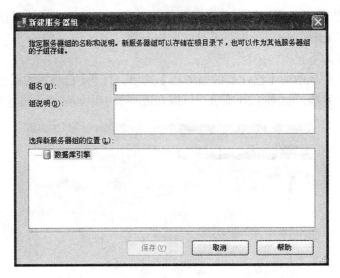

图2.23　【新建服务器组】对话框

（2）在【组名】列表框中，输入服务器组的唯一名称。在已注册的服务器中，服务器组名必须是唯一的。在【组说明】列表框中，有选择性地输入描述服务器组的文字。在【选择新服务器组的位置】列表框中，单击一个用于存放该组的位置，再单击【保存】按钮，即可在【已注册的服务器】组件窗口中生成新的服务器组。

5. 指定系统管理员密码

如果没有设置系统管理员密码，系统默认为空值，只要输入 "sa" 作为登录 ID，并使密码为空，就可以作为系统管理员登录到 SQL Server，并可以使用系统管理员的特权。为了防止上述情况发生，应该给 "sa" 加密，其操作如下：

在 SQL Server Management Studio 管理工具窗口中，依次选择【安全性】→【登录名】命令，右键单击登录名称【sa】节点，选择【属性】，如图 2.24 所示。打开【登录属性】对话框，在新建属性对话框中设置密码即可，如图 2.25 所示。

图2.24　【登录属性】对话框

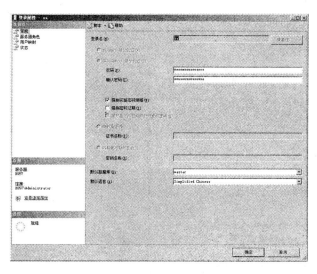

图2.25　【登录属性】界面

6. 断开与数据库服务器的连接

用户可以随时断开对象资源管理器与服务器的连接。断开对象资源管理器不会断开其他 SQL Server Management Studio 组件（如 SQL 编辑器）。其操作步骤如下：

在【对象资源管理器】窗口中，右键单击服务器，在弹出的快捷菜单中选择【断开连接】命令；或者在【对象资源管理器】窗口中的工具栏上单击【断开连接】按钮，即可断开与数据库服务器的连接。

重点串联 ▶▶▶

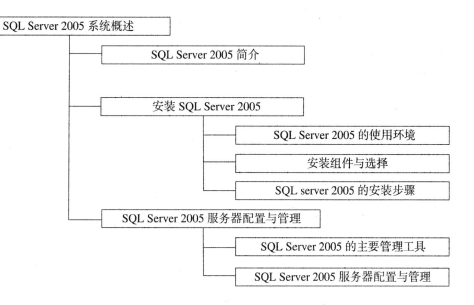

拓展与实训

基础训练

简答题

　　1. SQL Server 2005 提供了哪些安装版本？

　　2. SQL Server 2005 中的默认实例和命名实例有何区别？

　　3. 如何启动和停止 SQL Server 2005 服务？

　　4. 如何使用 SQL Server Management Studio 注册服务器？

　　5. SQL Server 2005 支持哪两种登录验证模式？

技能实训

技能实训 1：SQL Server 2005 的正确安装。

　　根据安装向导，安装 SQL Server 2005。

技能实训 2：掌握 SQL Server 2005 的使用方法。

　　登录 SQL Server 2005。

技能实训 3：数据库服务器的配置和管理。

　　启动 SQL Server Management Studio，开启与关闭各项工具与视窗，调整各项管理工具的停驻位置。使用 SQL Server 配置管理器，包括启动、停止、暂停、恢复，重新启动服务，更改服务使用的账户，查看或更改服务器属性。

模块3
创建和管理数据库

教学聚焦

SQL Server 具有良好的数据库设计和管理功能，能为大型数据库项目提供优秀的企业级解决方案。SQL Server 数据库管理系统主要包含系统数据库和用户数据库两种类型，能完成数据的存储和管理，其数据库由数据表、视图、存储过程和触发器等对象构成。

知识目标

◆ 了解 SQL Server 2005 数据库的存储结构及文件类型
◆ 了解 SQL Server 2005 数据系统的主要功能
◆ 掌握数据库的创建和管理

技能目标

◆ 掌握数据库的创建、查看、修改、重命名、删除等操作

课时建议

  4 学时

课堂随笔

项目 3.1 创建数据库 |||

数据库是存放数据、表、视图、存储过程等数据库对象的容器。因此，操作数据库对象应先从操作数据库开始。

SQL Server 数据库保存了所有系统数据和用户数据，这些数据被组织成不同类型的数据库对象。数据库是装数据库对象的容器，在 SQL Server Management Studio（SSMS）中连接数据库服务器后，看到的数据库对象都是逻辑对象。而从物理结构来看，每个 SQL Server 数据库是由两个或多个数据文件组成，并通过文件组对这些数据文件进行管理。

3.1.1 SQL Server 数据库文件与文件组

1.数据库文件类型

SQL Server 数据库以操作系统文件的形式存储在磁盘上。根据 SQL Server 数据库文件的作用不同，可以将其分为以下三种类型。

（1）主数据文件（.MDF）。

主数据文件用来存储数据信息和数据库的启动信息。每个数据库必须有且只有一个主数据文件。主数据文件名称包括物理文件名和逻辑文件名（在 Transact-SQL 语句中使用）两部分。物理文件名，就是包含该文件的文件名和存储路径的字符串。逻辑文件名，就是在数据库中使用的该物理文件名对应的逻辑表示，即数据库文件在数据库中显示的名字。

（2）辅助数据文件（.NDF）。

辅助数据文件又称为二级数据文件或次数据文件，用来存储主数据文件未存储的数据。一个数据库可以没有辅助数据文件，也可以有多个辅助数据文件。使用辅助数据库文件可以扩展存储的空间，例如，把数据库主数据文件和多个辅助数据文件分别放在不同的物理磁盘上来存储，这样数据库的总容量就是这几个磁盘容量的总和。

（3）事务日志文件（.LDF）。

事务日志文件用来存放数据库的事务日志。对数据库进行的增、删、改等操作，都会记录在事务日志文件中，当数据库被破坏时，可以利用事务日志文件恢复数据库中的数据。每个数据库中至少要有一个事务日志文件。

2.SQL Server 的数据库文件组

为了提高数据的查询速度，方便数据库的维护，SQL Server 可以将多个数据文件组成一个或多个文件组。例如，在三个不同的磁盘（如 D 盘、E 盘、F 盘）上建立三个数据文件（student_data.mdf，student_data1.nd，student_data2.ndf），并将这三个文件指派到文件组 Group 中，数据库与操作系统文件之间的映射如图 3.1 所示。如果在此数据库中创建表，就可以指定该表放在 Group 组中。当对所创建的表进行写操作时，数据库会根据组内数据文件的大小，按比例写入组内所有数据文件中。查询数据时，SQL Server 系统会创建多个单独的线程并行读取分配在不同物理硬盘上的文件，从而提高查询速度。

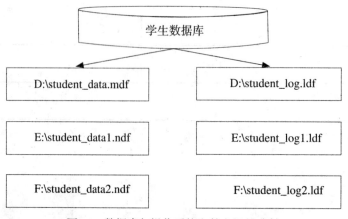

图3.1　数据库与操作系统文件之间的映射

同时，使用文件组还可以简化数据库的维护工作：

（1）备份和恢复单独的文件或文件组，而不是整个数据库，可以提高效率。

（2）将与可维护性要求相近的表和索引分配到相同的文件组中。

（3）为自己的文件组指定可维护性高的表。

在创建数据库时，默认设置是将数据文件存放在主文件组即 PRIMARY 组中，也可以使用相应的关键字来创建文件组。日志文件不属于任何文件组。

3.1.2 SQL Server 的系统数据库

SQL Server 数据库包含系统数据库和用户数据库。系统数据库是在安装 SQL Server 时由系统自动安装的数据库，存储系统的重要信息，用来操作和管理系统。用户数据库指由用户根据需要创建的数据库，用来存放用户自己的数据。

在 SQL Server Management Studio 环境中，在【对象资源管理器】窗口中依次展开【数据库】、【系统数据库】节点。可以看到四个系统数据库：master，tempdb，model，msdb，如图 3.2 所示。

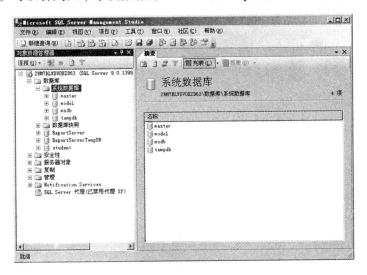

图3.2　系统数据库

1.master 数据库

master 数据库是 SQL Server 的主数据库，记录了 SQL Server 的初始化信息和 SQL Server 的系统级信息，如系统配置信息、登录账号、系统错误信息、系统存储过程、系统视图等。因此，如果master 数据库被损坏，那么 SQL Server 便无法正常启动。

2.tempdb 数据库

tempdb 数据库为临时表和其他需要临时存储的数据提供存储空间，是一个可以为 SQL Server 上所有数据库共享使用的工作空间。

每次启动 SQL Server 时，系统都会重新创建 tempdb 数据库，当用户离开或系统关机时，临时数据库创建的临时表将被删除，当它的空间不够时，系统会自动增加它的空间。

3.model 数据库

model 数据库是 SQL Server 的模板数据库，包含每个数据库所需的系统表格。当创建用户数据库时，模板数据库中的内容会自动复制到所创建的用户数据库中。通过修改模板数据库中的数据库对象，实现用户自定义配置新建数据库的对象。

4.msdb 数据库

msdb 数据库支持 SQL Server 代理、安排作业、报警等服务。

3.1.3 创建用户数据库

数据库是数据库管理系统最基本的对象，是存储过程、触发器、视图和规则等数据库对象的容器。因此，创建数据库是创建其他数据库对象的基础。创建数据库时，需要确定数据库的名称、所有者、大小及存储该数据库的文件和文件组等基本属性信息。

SQL Server 2005 创建数据库的方法主要有两种，即使用 SQL Server Management Studio 工具界面和使用 Transact-SQL 语言创建数据库。

1. 使用 SQL Server Management Studio 创建数据库

【例 3.1】 创建名为"student"的数据库。数据库主数据文件初始容量为 8 MB，启用自动增长，每次增长 1 MB，文件大小不限制；日志文件启用自动增长，每次增加 10%，大小不受限制；主数据文件与日志文件均存储在"E:\ dbase"目录下。

（1）在【对象资源管理器】窗口中右键单击【数据库】节点，在弹出的快捷菜单中选择【新建数据库】命令进行数据库的创建，如图 3.3 所示。

图3.3　新建数据库

（2）进入【新建数据库】界面，该界面主要包括【常规】、【选项】和【文件组】三个选项页，如图 3.4 所示。

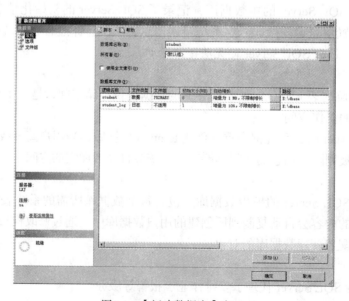

图3.4　【新建数据库】窗口

①【常规】。【常规】可以设置新建数据库的名称、数据文件或日志文件名称、文件的初始大小、自动增长和存放路径等操作，也可用来添加辅数据文件和日志文件等。

②【选项】。【选项】可以设置数据库的【排序规则】、【恢复模式】、【兼容级别】、【状态】、【自动】设置等基本属性。

③【文件组】。【文件组】可以添加和管理【文件组】。

（3）在【常规】选项中的【数据库名称】后，输入"student"。

（4）修改主数据文件的【初始大小】为"8 MB"，单击数据文件行对应的【自动增长】选项中的【　】命令按钮，打开【更改 student 的自动增长设置】对话框，如图 3.5 所示。

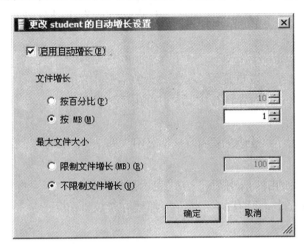

图3.5 【更改student的自动增长设置】对话框

（5）选中【启用自动增长】和【按 MB】方式增长，设置增长值为"1"；选择最大文件大小为【不限制文件增长】，单击【确定】按钮，返回【常规】选项页。

（6）点击【路径】后的【　】按钮，将路径指向"E:\dbase"，或是在【路径】对应区中直接输入"E:\dbase"，完成主数据文件的设置。

（7）使用上述主数据文件的设置方法，完成日志文件的设置。

（8）如果需要添加辅助数据文件和日志文件，单击【添加】按钮，选择不同类型的文件并进行相应的设置即可。

（9）单击【确定】按钮，完成"student"数据库的创建，这样在【对象资源管理器】窗口中，就可以看到刚建好的"student"数据库。

2. 使用 Transact-SQL 创建数据库

除了使用 SQL Server Management Studio 工具以图形界面创建数据库的方法以外，还可以在查询编辑器中使用 Transact-SQL 语言的 create database 语句创建数据库。

create database 的常用语法格式如下：

```
create database database_name
[on                                    -- 定义主数据文件
{[prlmary]                             -- 在主文件组（默认文件组）中指定文件
(
name=logical_file_name,               -- 数据文件的逻辑名称
filename='os_file_name',              -- 数据文件的物理名称和路径
[,size=size]                          -- 数据文件的初始大小
[,maxsize ={ max_size | unlmited }]   -- 数据文件大小的上限
[,filegrowth=grow_increment])         -- 数据文件的增长方式
```

}[,…n]	-- 文件组间有逗号分隔，和 log on 间没有逗号
[,<filegroup> [,...n]]	-- 存储的文件组
log on	-- 定义日志文件
{(name = logical_file_name,	-- 日志文件的逻辑名称
filename ='os_file_name',	-- 日志文件的物理名称
[,size=size]	-- 日志文件的初始大小
[,maxsize = { max_size | unlmited }]	-- 日志文件大小的上限
[,filegrowth=growth_increment])	-- 日志文件的增长方式
}[,…n]]	-- 日志文件间有逗号分隔

注意事项：

（1）在 Transact-SQL 的语法格式中，"[ ]"表示可省略项，省略时各参数取默认值；"{ }[，…n]"表示大括号括起来的内容可以重复写多次；< >尖括号中的内容表示对一组选项的代替，如＜列定义＞：：={ }表示尖括号中的内容将被大括号中的内容代替；"A|B"表示类似选项，可以选择 A 或选择 B，但不能同时选择。

（2）Transact-SQL 语句不区分大小写，一般都用大写表示系统保留字，用小写表示用户自定义的名称。

本文为了便于阅读，实例中均采用小写方式表示系统保留字和用户自定义的名称。

（3）在编写代码的过程中，所有的标点符号都要在英文半角状态下完成输入，以确保代码的顺利执行。

· 参数说明：

（1）database_name：数据库名称。

（2）primary：在主文件组中指定文件。若没有指定 primary 关键字，该语句所列的第一个文件成为主文件。

（3）log on：指定建立数据库的事务日志文件。

（4）name：指定数据或事务日志文件的逻辑名称。

（5）filename：指定文件的操作系统文件名称和路径，'os_file_name' 中的路径必须为服务器中已存在的文件夹。

（6）size：指定数据或日志文件的初始大小，默认值为 1 MB，默认单位为 MB。

（7）maxsize：指定文件能够增长到的最大限度，默认单位为 MB。如果没有指定最大限度，文件将一直增长到磁盘满为止。

（8）unlimited：使文件无容量限制。

（9）filegrowth：指文件的增长量，该参数不超过 maxsize 的值，默认单位为 MB，也可以指定用 KB，GB，TB 等单位或使用百分比。数据文件的默认值为 1 MB，日志文件的默认增长比例为 10%，最小值为 64 KB。

（10）-- ：单行注释符，表明后面为注释，不执行。

【例 3.2】 使用 Transact-SQL 语句创建名为 "student" 的数据库。

（1）在 SQL Server Management Studio 查询分析器窗口中运行如下命令：

```
create database student
on primary
(name=student,
filename='E:\dbase\student.mdf',
size=8 MB,
filegrowth=1 MB)
```

```
log on
(name=student_log,
filename='E:\ dbase\student_log.ldf',
size=1 MB,
filegrowth=10%)
go
```

（2）按【Ctrl+F5】组合键或单击工具栏上的【√】按钮，分析代码，确定没有错误后，按【F5】键或单击工具栏上的【执行】按钮，完成"student"数据库的创建。

（3）在【对象资源管理器】窗口中，右键单击【数据库】节点，在弹出的快捷菜单中单击【刷新】命令，可以看到新创建的"student"数据库。

（4）运行结果如图 3.6 所示。

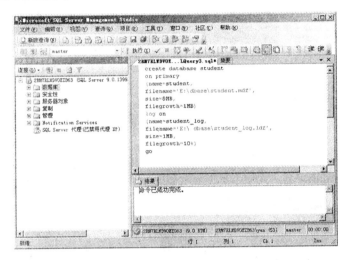

图3.6   利用Transact-SQL语句创建数据库

在使用 Transact-SQL 创建数据库时，不必每个项目都定义。不定义的项目，系统将选取系统的默认值来设置。

【例 3.3】 创建一个简单的"student1"测试数据库。

在 SQL Server Management Studio 查询分析器窗口中运行如下命令：

```
create database student1
go
```

命令执行完成后，系统将建立一个名为"student1"、其他属性均为默认值的数据库。

当使用 Transact-SQL 命令时，可将其保存成扩展名为 .sql 的脚本文件，再次执行该命令集合或执行类似操作时，只需打开、编辑并执行该脚本文件，即可实现快速操作，从而提高代码编写的效率。

项目 3.2 管理数据库

3.2.1 数据库的打开

启动 SQL Server Management Studio 工具后，用户需要连接到服务器中的一个数据库，对数据库进行操作。如果没有用户指定的数据库，SQL Server 会自动连接到 master 系统数据库。

在操作数据库之前，必须先打开数据库。

打开数据库语法格式：

use database_name

database_name：数据库名称。

【例3.4】 打开"student"数据库。

use student

go

3.2.2 数据库的查看

1. 使用 SQL Server Management Studio 工具查看数据库信息

（1）在【对象资源管理器】窗口中，展开【数据库】节点。

（2）右键单击【student】数据库，在弹出的快捷菜单中单击【属性】命令，打开【数据库属性】对话框，如图 3.7 所示。

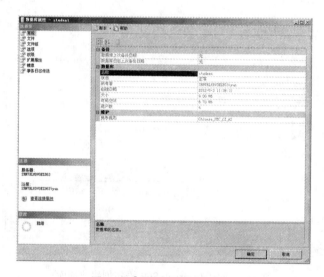

图3.7 【数据库属性】窗口

（3）【数据库属性】对话框包含【常规】、【文件】、【文件组】、【选项】、【权限】、【扩展属性】、【镜像】和【事务日志传送】八个选择页。

单击其中任意选项页，都可以查看与之相关的数据库信息。

2. 使用 Transact-SQL 查看数据库信息

在 Transact-SQL 中经常用 sp_helpdb 系统存储过程来显示有关数据库信息。

语法格式：

exec[ute] sp_helpdb database_name

参数说明：

（1）database_name：数据库名称。

（2）execute：执行一个储存过程或一个动态 SQ'，也可以使用其缩写 exec。

【例3.5】 查看"student"数据库信息。

在 SQL Server Management Studio 查询分析器窗口中运行如下命令：

exec sp_helpdb student

go

运行结果如图 3.8 所示。

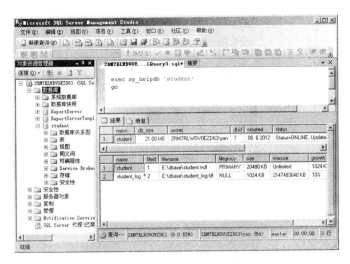

图3.8 查看"student"数据库信息

·∴·∴·3.2.3 数据库的修改

当数据库的数据增长到指定的使用空间时，要及时增加容量；相反，如果为数据库指派了过多的存储空间，可以通过收缩数据库容量的方式来释放空间，以免造成系统存储空间的浪费。

1. 使用 SQL Server Management Studio 工具修改数据库

（1）使用 SQL Server Management Studio 工具添加或删除数据文件和日志文件。

在【对象资源管理器】窗口中，展开【数据库】节点，右键单击【student】数据库，在弹出的快捷菜单中，单击【属性】命令，打开【数据库属性】对话框，选择【文件】选项页，如图 3.9 所示。

图3.9 添加或删除文件窗口

（2）使用 SQL Server Management Studio 工具查看和修改数据库选项。

在【对象资源管理器】窗口中，展开【数据库】节点，右键单击要设置选项的"student"数据库，在弹出的快捷菜单中，单击【属性】命令，打开【数据库属性】对话框。在【数据库属性】窗口中，单击【选项】进入设置页面，如图 3.10 所示。在此，可以根据管理需要对数据库选项进行修改和设定。

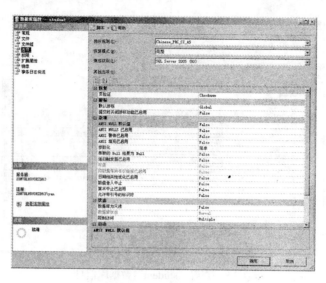

图3.10　【选项】窗口

常用选项说明：

①【排序规则】。【排序规则】用于设置数据排序和比较的规则。除非特殊要求，一般不要随意指定。

②【恢复模式】。【恢复模式】用于设置数据库备份和还原的操作模式。Microsoft SQL Server 2005 提供了【简单的模式】、【完整模式】和【大容量日志模式】三种恢复模式。

③【兼容级别】。【兼容级别】用于设置与指定的 Microsoft SQL Server 2005 的早期版本兼容的某种数据库。包括 SQL Server 7.0，SQL Server 2000，SQL Server 2005 等级别可选择。

④【默认游标】。【默认游标】建立游标时，如果既没有指定 Local，也没有指定 Global，则由该数据库选项 决定。

⑤【限制访问】。【限制访问】用来设置用户访问数据库的模式。其值有以下三种：

Multiple：多用户模式，允许多个用户访问数据库。

Single：单用户模式，一次允许一个用户访问数据库。

Restricted：限制用户模式，只 sysadmin、db_owner 和 dbcreator 角色成员才可以访问数据库。

⑥【自动收缩】。【自动收缩】用于设置数据库是否自动收缩。

（3）使用 SQL Server Management Studio 工具修改数据库容量。

在【对象资源管理器】窗口中，展开【数据库】节点，右键单击要增加容量的"student"数据库，在弹出的快捷菜单中单击【属性】命令，打开【数据库属性】对话框。单击【文件】选项，在该页面中可以修改数据库文件的初始大小和增长方式，其修改方法与创建数据库时的方法相同。

（4）使用 SQL Server Management Studio 工具收缩数据库容量。

SQL Server 2005 允许收缩数据库中的数据文件和日志文件，以便删除未使用的页。收缩数据库文件有手动收缩和自动收缩两种模式。

在【对象资源管理器】窗口中，展开【数据库】节点，右键单击要收缩容量的"student"数据库，在弹出的快捷菜单中执行【任务】→【收缩】→【数据库】命令，打开【收缩数据库】对话框，如图 3.11 所示。

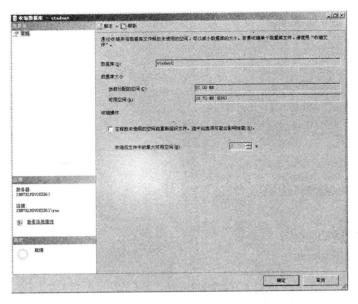

图3.11 【收缩数据库】窗口

选择【收缩操作】下的"在释放未使用的空间前重新组织文件，选中此选项可能会影响性能"的复选框，以重新组织文件。在"收缩后文件中的最大可用空间"中输入 20（%），以保留 20% 的使用空间。其取值范围为 0~99 之间。

收缩文件的方法与收缩数据库的方法大体相同，可参照上面收缩数据库的方法进行操作。

数据库和文件要定期进行收缩，以释放未使用的空间给系统，节省系统资源，但每次手动执行收缩比较麻烦，而且容易忘记，所以可以在【选项】属性窗口将其设置为【自动收缩】。

2. 使用 Transact-SQL 修改数据库的容量

（1）使用 alter database 添加数据文件或日志文件。

语法格式：

```
alter databace database_name
  add file(name=logical_file_name,
filename='os_file_name'
[,size=size]
[,maxsize={max_size|unlimited}]
[,filegrowth=grow_increment])|
  add log file(name=logical_file_name,
filename='os_file_name'
[,size=size]
[,maxsize={max_size|unlimited}]
[,filegrowth = grow_increment])
```

参数说明：

sdd file：添加数据文件。

add log file：添加日志文件。

【例 3.6】 在"student"数据库中添加数据文件 studentID.mdf，初始值为 5 MB，增长值为 1 MB，添加日志文件 studentID_log.ldf，初始值为 1 MB，增长值为 10%。

在 SQL Server Management Studio 查询分析器窗口中运行如下命令：

```
alter database student
  add file(name=studentID,
```

```
filename='E:\dbase\studentID.mdf',
size=5MB,
filegrowth=1MB)
add log file(name=studentID_log,
add filename='E:\ dbase\studentID_log.ldf',
size=1MB,
filegrowth=10%)
go
```

（2）使用 al ter database 删除数据文件或日志文件。

语法格式：

```
alter database database_name
remove file logical_file_name
```

参数说明：

remove file：删除数据库中的文件。

【例3.7】 删除 student 数据库数据文件 studentID.mdf。

在 SQL Server Management Studio 查询分析器窗口中运行如下命令：

```
alter database student
remove file studentID.mdf
go
```

（3）使用 al ter database 修改数据库容量。

语法格式：

```
alter database database_name
modify file
 (name=filename
[,size=newsize]
[,filegrowth=filegrowth])
```

参数说明：

modify file：修改数据库中的文件。

【例3.8】 将数据文件 student.mdf 初始大小由原来分配空间的 8 MB 增加至 20 MB。

在 SQL Server Management Studio 查询分析器窗口中运行如下命令：

```
alter database  student
modify file
(name=student,
size=20 MB)
go
```

（4）收缩数据库。

语法格式：

```
dbcc shrinkdatabase ('database_name'[,target_percent][,{notruncate|truncateonly}] )
```

参数说明：

target_percent：数据库收缩后的数据库文件中所需的剩余可用空间百分比。

notruncate：导致在数据库文件中保留所释放的文件空间，如果未指定，则将所释放的文件空间释放给操作系统。

truncateonly: 导致数据文件中任何未使用空间被释放给操作系统，并将文件收缩到最后分配的区，从而无须移动任何数据即可减小文件大小。使用 truncateonly 时，将忽略 target_percent。

【例 3.9】 收缩"student"数据库的容量至最小。

在 SQL Server Management Studio 查询分析器窗口中运行如下命令：

dbcc shrinkdatabase('student')

go

运行结果如图 3.12 所示。

图3.12　收缩数据库容量

（5）使用系统存储过程 sp_dboption 修改数据库选项。

语法格式：

exec sp_dboption database_name,option_name,{true | false}

参数说明：

option_name：要更改的数据库选项。

true|false：设定数据库选项的值。

【例 3.10】 更改数据库"student"为只读状态。

在 SQL Server Management Studio 查询分析器窗口中运行如下命令：

exec sp_dboption 'student', 'read_only',true

go

❖❖❖ 3.2.4 数据库的重命名

1. 使用 SQL Server Management Studio 工具修改数据库名称

【例 3.11】 将数据库"student"的名称更改为"studentsys"。

（1）在【对象资源管理器】窗口中，展开【数据库】节点，右键单击要更名的"student"数据库，在弹出的快捷菜单中，单击【属性】命令，打开【数据库属性】对话框，选择【选项】，将数据库【选项】中的【限制访问】设置为【SINGLE_USER】用户模式，单击【确定】按钮保存设置。则【对象资源管理器】中该数据库图标前出现单个用户标志。

（2）右键单击【student】节点，在弹出的快捷菜单中选择【重命名】命令，数据库名称变为可编辑状态，输入新的数据库名称"studentsys"。

（3）更名后，将数据库【选项】的【限制访问】设置为【MULTI_USER】用户模式，完成数据名称的修改。

2. 使用 Transact-SQL 修改数据库名称

可以使用系统存储过程 sp_renamedb 命令来更改数据库名称。

语法格式：

exec sp_renamedb 'oldname','newname'

参数说明：

sp_renmaedb：系统存储过程关键字，用来更改数据库名称。

oldname：更改前的数据库名称。

newname：更改后的数据库名称。

【例 3.12】 使用 Transact-SQL 更改数据库 "student" 的名称为 "studentsys"。

在 SQL Server Management Studio 查询分析器窗口中运行如下命令：

exec sp_renamedb 'student', 'studentsys'

go

3.2.5 数据库的删除

当用户创建的数据库不再需要时，可以将其删除。数据库一旦被删除，它的所有信息，包括文件和数据将从磁盘上被删除掉。数据库被删除后，可以使用数据的备份恢复以前的数据库。删除数据库仅限于 dbo 与 sa 两个用户，并且确保该数据库没有被正在使用，否则将不能被删除。

1. 使用 SQL Server Management Studio 删除数据库

在【对象资源管理器】窗口中，展开【数据库】节点，右键单击要删除的数据库，在弹出的快捷菜单中选择【删除】命令，打开【删除对象】对话框，选择【关闭现有连接】复选框，单击【确定】按钮完成数据库的删除操作。

2. 使用 Transact-SQL 删除数据库

可以使用 drop database 语句删除数据库。

语法格式：

drop database database_name

【例 3.13】 删除数据库 "student1"。

在 SQL Server Management Studio 查询分析器窗口中运行如下命令：

drop database student1

go

3.2.6 分离和附加数据库

在数据库管理中，用户可以根据需要将数据库从服务器的管理器中分离出来，同时也可以将磁盘上的数据库文件附加到数据库服务器的管理器中，由服务器对其进行管理。

1. 分离数据库

（1）使用 SQL Server Management Studio 分离数据库。

在【对象资源管理器】窗口中，展开【数据库】节点，右键单击要分离的数据库 "student"，在弹出的快捷菜单中选择【任务】→【分离】命令，打开【分离数据库】对话框。

在【常规】选项右侧显示的【要分离的数据库】窗格中，当【状态】为 "就绪" 时，单击【确定】按钮，完成数据库与 SQL Server 服务器管理器的分离。

（2）使用 Transact-SQL 分离数据库。

可以使用系统存储过程 sp_detach_db 分离数据库。

语法格式：

sp_detach_db 'database_name'

【例 3.14】 分离数据库 "student"。

在 SQL Server Management Studio 查询分析器窗口中运行如下命令：

sp_detach_db 'student'

go

　　当数据库"student"被分离后，在【对象浏览管理器】的【数据库】节点下，再看不到"student"数据库，但该数据库并没有被删除，仍然保存在原有的路径下，所以在分离前，先要查看该数据库的属性，记录该数据库所包含的所有数据文件及其保存路径，以备附加该数据库或复制移动备份数据库时找到所有的数据文件。

　　2. 附加数据库

　　（1）使用 SQL Server Management Studio 附加数据库。

　　在【对象浏览管理器】窗口中，右键单击【数据库】节点，在弹出的快捷菜单中单击【附加】命令，打开【附加数据库】对话框，如图 3.13 所示。

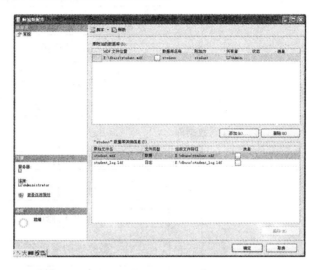

图3.13　【附加数据库】窗口

　　单击【添加】命令按钮，打开【定位数据库文件】对话框，在"E:\dbase"目录下，找到该数据库的主数据库文件"student_data.mdf"，单击【确定】命令按钮返回【附加数据库】对话框，完成主数据库文件的添加。

　　（2）使用 Transact-SQL 附加数据库。

　　语法格式：

```
create database database_name
on (filename='os_file_name')
for attach
go
```

　　参数说明：

　　for attach：指定通过附加一组现有的操作系统文件来创建数据库。

　　【例 3.15】 将数据库"student"附加到 SQL Server 2005 服务器中。

　　在 SQL Server Management Studio 查询分析器窗口中运行如下命令：

```
create database student
on (filename='E:\student_data.mdf')
for attach
go
```

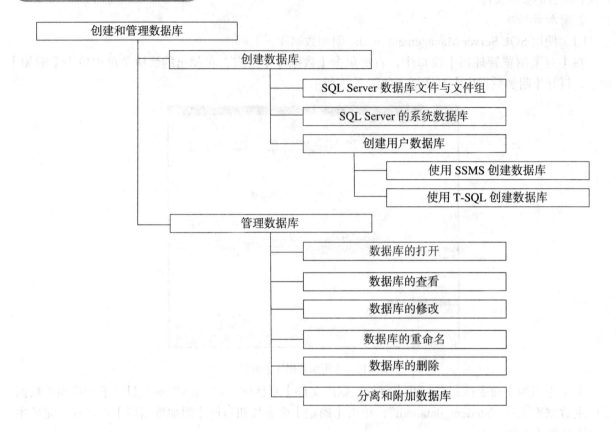

拓展与实训

▶ 基础训练

一、填空题

1. 在 SQL Server 2005 数据库管理系统中，系统数据库有_____、_____、_____和_____。

2. 除了使用 SQL Server Management Studio 图形界面创建数据库以外，还可以在查询编辑器中使用 Transact-SQL 语言中的_____来创建数据库。

3. 在 Transact-SQL 中最常用_____系统存储过程来显示有关数据库信息。

4. 一个数据库文件的初始大小为 1 MB，"启用自动增长"，并每次按 10% 的比例增长，增长三次后该数据文件的容量是_____MB。

二、选择题

1. 在 SQL Server 中自己建立的"student"数据库属于（　）。

    A. 用户数据库　　　　B. 系统数据　　　　C. 数据库模板　　　　D. 数据库管理系统

2. SQL Server 数据库主数据文件的扩展名应设置为（　）。

    A. .sql　　　　　　　B. .mdf　　　　　　　C. .ldf　　　　　　　D. .ndf

3. 在 SQL Server 2005 中，一个数据库要至少包含（　）主数据文件，（　）日志文件，也可以包括（　）或（　）辅数据文件。

    A. 0 个　　　　　　　B. 1 个　　　　　　　C. 2 个　　　　　　　D. 多个

4. 通过数据库的选项可以设置的数据库（　）。

    A. 是否是只读　　　　　　　　　　　B. 是否允许自动收缩

    C. 限制访问　　　　　　　　　　　　D. 修改数据库文件增长值

三、简答题

1. SQL Server 2005 系统数据库由哪些数据库组成？这些数据库有什么作用？

2. 简述创建、修改、收缩数据库的 Transact-SQL 命令及语法格式。

▶ 技能实训

技能训练 1：创建数据库 xsgl。

    1. 创建主数据文件，逻辑数据名为 xsgl_data，初始大小为 5 MB，增长值为 1 MB，其对应的物理数据文件名为 D:\sqldata\xsgl_data.mdf。

    2. 创建辅数据文件，逻辑数据名为 xsgl1_data，初始大小为 2 MB，增长值为 10%，其对应的物理数据文件名为 D:\sqldata\xsgl1_data.ndf。

    3. 创建事务日志文件，逻辑文件名为：xsgl_log，初始大小为 3 MB，增长值为 1 MB，其对应的物理文件名为 D:\sqldata\xsgl_log.ldf。

技能训练 2：管理数据库 xsgl。

    1. 查看"xsgl"数据库的文件属性，记录该数据库的所有文件名称及保存路径。

    2. 增加数据文件"xsgl2"，初始大小为 2 MB，增长值为 10%。

3. 增加日志文件 "xsgl3_log"，初始大小为 5 MB，增长值为 20%。

4. 收缩 "xsgl" 数据库，并设置为 "自动收缩"。

5. 将 "xsgl" 数据库更名为 "stu"。

6. 将 "stu" 数据库复制到 D 盘根目录下。

7. 删除 "stu" 数据库。

模块4
数据表的操作

教学聚焦

数据库技术可以有组织地、动态地存储大量相关数据，是提供数据处理和信息资源共享的便利手段。数据表是数据库中最重要的对象，用来存储用户输入的各种数据，在数据库中完成的各种操作也是在数据表的基础上进行的。

知识目标

◆ 掌握数据的类型和特点
◆ 掌握数据表的创建、查看、修改、重命名和删除
◆ 掌握数据的插入、修改和删除
◆ 掌握常用数据完整性的方法

技能目标

◆ 学会数据表的创建、查看、修改、重命名、删除等操作
◆ 学会数据的插入、修改和删除等操作
◆ 掌握约束、规则和默认的创建与使用

课时建议

8 学时

课堂随笔

在 SQL Server 数据库中，用户所有的数据都分门别类地存储在各个表中，对数据的访问、验证、关联性连接、完整性维护等都是通过对表的操作来实现的，因此，用户必须熟练掌握操作数据库表的技术。

表是用来存储数据和操作数据的逻辑结构，关系数据库中的所有数据都表现为表的形式。数据库表中的数据是由行和列组成。列主要描述数据的属性，每列数据称为一个属性或一个列，列的名称称为属性名或列名；行是组织数据的单位，每行包含若干个属性（列），一行数据的集合称为一条记录，它是一条信息的组合。一个表由若干条记录组成。

开发一个大型的信息管理系统，必须按照设计理论与设计规范对数据库进行专门的设计，这样开发出来的信息管理系统才能满足用户需求，且具有良好的维护性与可扩充性。

设计 SQL Server 数据库表时，要根据数据库逻辑结构设计的要求确定需要什么样的表，各表中都有哪些数据，所包含的数据类型，表的各列及每列数据类型，哪些列允许空值，哪些需要索引，哪些列是主键，哪些列是外键等。在创建和操作表的过程中，要对表进行更为细致的设计。

项目 4.1　数据类型 ‖

数据类型决定了数据在计算机中的存储格式、长度、精度和小数位数等属性。在创建 SQL Server 表时，表中的每列都必须确定数据的类型，确定了数据类型也就确定了该列数据的取值范围。此外，申请局部变量、申请存储过程中的局部变量、转换数据类型都需要定义数据的类型。

❖❖❖ 4.1.1　系统数据类型

1. 字符串型

字符串型数据用于存储汉字、英文字母、数字、标点和各种符号，输入时必须用半角单引号括起来。字符数据类型有以下三种类型。

（1）char（n）：固定长度存储字符串的数据类型。n 的取值为 1~8 000，存储空间大小为 n 个字节，当实际要存储的串长度不足 n 时，则在字符串的尾部添加空格补位。默认值为 char(10)。

例如，在学生表中，定义"姓名"列的数据类型为 char(8)，当输入的数据为"李华"时，则存储为李华和 4 个空格。

（2）varchar[（n|max）]：可变长度存储字符串的数据类型。n 可以是一个介于 1~8 000 之间的数值，max 表示最大的存储大小为 231-1 个字节，存储大小为所输入数据的实际长度 +2 个字节。默认值为 varchar(50)。

例如，在学生表中，如果定义"姓名"这个列的数据类型为 varchar(8)，那么当实际输入的数据为"李华"时，则在内存中的存储为李华，长度为 4 个字节。

在创建表结构的过程中，如果列数据项的长度一致，则使用 char 型；如果列数据项的长度差异较大，则使用 varchar 型；如果列数据项长度相差很大，而且可能超出 8 000 字节，应该使用 varchar（max）。

（3）text：文本类型，实际也是变长字符串数据类型，可以存储最大长度为 231-1 的字符串数据。建议使用 varchar（max）代替 text。

说明：无论使用哪种字符串数据类型，字符串值必须放在引号内，推荐使用单引号。

2. unicode 字符型

unicode 字符数据有定长字符串型 nchar、变长字符串型 nvarchar 和文本类型 ntext 三种。

（1）nchar[（n）]：存放固定长度的 n 个 unicode 字符数据，n 必须是介于 1~4 000 之间的数值。存储大小为两倍 n 字节。

（2）nvarchar[（n|max）]：存放长度可变的 n 个 unicode 字符数据，n 是介于 1~4 000 之间的数

值。max 表示最大存储大小 231-1 字节。存储大小是所输入字符个数的两倍 +2 个字节。

（3）ntext：存储最大长度为 230-1 个字节的 unicode 字符数据。建议使用 nvarchar（max）代替 ntext。

说明：nchar，nvarchar 和 ntext 的用法分别与 char，varchar 和 text 的用法相同，只是 unicode 支持的字符范围大，存储 unicode 字符所需要的空间更大。nchar 和 nvarchar 类型数据列最多可以存储 4 000 个字符，而 char 和 varchar 字符最多可以存储 8 000 个字符。

注：unicode 标准为全球商业领域广泛使用的大部分字符定义了一个单一的编码方案。所有的计算机都采用单一的 unicode 标准，这确保了同一个位模式在所有的计算机上总是转换成同一个字符。数据可以随意地从一个数据库或计算机传送到另一个数据库或计算机，而不用担心接收系统是否会错误地翻译位模式。

3. 数值型

（1）整型。

bigint：占用 8 个字节存储空间，用于存储-263~263-1 之间的整数。

int：占用 4 个字节存储空间，用于存储-231~231-1 之间的整数。

smalint：占用 2 个字节存储空间，用于存储-215~215-1 之间的整数。

tinyint：占用 1 个字节存储空间，用于存储 0~255 之间的整数。

（2）实型。

实型数据用于存储带有小数点且小数点后位数确定的实数。

decimal[(p[,s])]：其中，p（精度）为可存储的十进制数的总长度，包括小数位数但不包括小数点，范围为 1~38；s（小数位数）为可以存储的小数的最大位数，取值必须是 0~p 之间的值。默认 decimal(18,0)。

numeric[(p[,s])]：用法同 decimal[(p[,s])]

说明：这两个数据类型功能相同，均为存储精度可变的浮点值。但推荐采用 decimal，因其存储的数据"更有说明性"。

4. 近似数值类型

近似数值型数值用于存储浮点数，包括 float 和 real 两种类型。

float（n）：占用 8 个字节的存储空间。n 为科学计数法的尾数，默认值为 53，如果指定了 n，则它必须是介于 1~53 之间的某个值。

real：与 float[(n)] 一样，占用 4 个字节的存储空间，取值范围与 float[(n)] 稍有不同。

说明：近似型数值数据不能确定所输出的数值精确度。例如，1/3 个分数记作 0.333 333 3。

5. 日期时间型

日期时间型数据类型包括 datetime 和 smalldatetime 两种。

datetime：可以存储从 1753 年 1 月 1 日到 9999 年 12 月 31 日之间的日期和时间数据，精确度为 3% 秒。

smalldatetime：可以存储从 1900 年 1 月 1 日至 2079 年 6 月 6 日之间的日期和时间数据，精确度为分。

说明：在输入日期时间数据时，允许使用指定的数字格式表示日期数据，如 02/25/96 表示 1996 年 2 月 25 日，也可以通过 set dateformat 语句改变日期的格式。当使用数据日期格式时，可以使用斜杠（/）、连字符（-）或句点（.）作为分隔符来指定日、月、年。例如：

MDY（月日年）式：5/1/2012，5.1.2012，5-1-2012   --默认格式

YMD（年月日）式：2012/5/1，2012.5.1，2012-5-1

6. 货币型

货币数据由十进制的货币数值数据组成，货币数据有 momey 和 smallmoney 两种类型。

money：占用 8 个字节存储空间，货币数据值介于-263 与 263-1 之间，精确到小数点后 4 位。

smallmoney：占用 4 个字节存储空间，货币数据值介于–214 748.364 8 与 +214 748.364 7 之间，精确到小数点后 4 位。

说明：在输入货币数据时必须在货币数据前加货币符号：￥（人民币）、$（美元），输入负货币值时需在 $ 后加负号（–）。

7. 位类型数据

bit：只能取值 1，0 或 null。当输入 0 和 1 以外的值时，系统自动转换为 1。它通常用来存储逻辑值，表示真与假。

8. 二进制数据类型

二进制数据常用于存储图像等数据，主要包括 binary，varbinary，image 三种类型。

binary[(n)]：为固定长度存储的二进制数据类型，存储空间大小为 n 字节。n 的取值为 1~8 000。

Varbinary[(n|max)]：为可变长度存储二进制数据的数据类型。n 的取值为 1~8 000；max 表示最大的存储大小为 231–1 个字节。存储大小为所输入数据的实际长度 +2 个字节。

image：为长度可变的二进制数据类型，可以存储最大长度为 231–1 个字节的二进制数据。image 是将要被取消的数据类型，建议使用 varbinary(max) 代替 image。

9. 其他数据类型

除了以上的数据类型，SQL Server 2005 还提供了 cursor，sql_variant，table，timestamp，uniqueidentifier 和 xml 等数据类型。

（1）cursor 数据类型。

cursor 数据类型是变量或存储过程 output 参数的一种数据类型，这些参数包含对游标的引用。使用 cursor 数据类型创建的变量可以为空。create table 语句中的列不能使用 cursor 数据类型。

（2）spl_variant 数据类型。

spl_variant 数据类型用于存储 SQL Server 2005 支持的各种数据类型（不包括 text，ntext，image，timestamp 和 sql_variant）值的一种数据类型。该数据类型可以用在列、参数、变量和用户自定义函数的返回值中。sql_variant 使这些数据库对象能够支持其他数据类型的值。sql_variant 的最大长度可以是 8 016 个字节，其中包括基类型信息和基类型值，基类型值的最大长度是 8 000 个字节。

（3）table。

table 是一种特殊的数据类型，用于存储结果集以进行后续处理，主要用于临时存储一组行数据，这些数据是作为表值函数的结果集返回的。

（4）timestamp。

timestamp 是一个以二进制格式表示 SQL Server 活动顺序的时间戳数据类型。当对数据库中包含 timestamp 列的表执行插入或更新操作时，该计数器值就会增加，该计数器是数据库时间戳。

（5）uniqueidentifier。

uniqueidentifier 是一个特殊的数据类型。它是一个具有 16 个字节的全局唯一性标识符，用来确保对象的唯一性，该数据类型的初始值可以使用 newid 函数得到。

（6）xml。

xml 是用于存储 xml 数据的数据类型。可以在列中或者 xml 类型的变量中存储 xml 实例。其存储的 xml 数据类型表示实例大小不能超过 2 GB。

4.1.2 用户自定义数据类型

设计表时为每一列指定一个适当的数据类型是很重要的，但有些时候，SQL Server 提供的系统数据类型并不能完全满足需要，这时用户可以根据自己的需要来定义数据的类型。用户定义的数据类型是在 SQL Server 系统数据类型基础上创建的，可以用于使用系统数据类型的任何地方。

1. 使用 SQL Server Management Studio 工具创建自定义数据类型

【例 4.1】创建名为 "telephone"、数据类型为 "varchar"、长度为 "11" 的自定义数据类型。

依次展开【student】节点、【可编程性】节点及【类型】节点，右键单击【用户定义数据类型】节点，选择【新建用户定义数据类型】，在【常规】选项卡的【名称】对话框中，输入"telephone"，选择数据类型为"varchar"，长度为"11"，选中【允许为空】复选框，单击【确定】按钮完成创建，【用户定义数据类型】节点下显示了新定义的数据类型，如图4.1所示。

图4.1 用户定义数据类型

2. 使用 Transact-SQL 创建自定义数据类型

可以使用系统存储过程 sp_addtype 来创建自定义的数据类型。

语法格式：

sp_addtype type [,system_data_type] [,'null_type']

参数说明：

（1）type：自定义数据的类型名，必须保证符合标识符规则，而且在数据库中唯一。

（2）system_data_type：自定义数据类型，可以包括数据的长度、精度等。

（3）null_type：指定该数据类型能否接受空值，空值为"null"，非空为"not null"。

【例4.2】 定义名为"电话号码"、数据类型为"varchar"、长度为"11"的自定义数据类型。

在 SQL Server Management Studio 查询分析器窗口中运行如下命令：

```
exec sp_addtype 电话号码 ,'varchar(11)','null'
go
```

项目 4.1 数据表的创建和管理

4.2.1 数据表的创建

在 SQL Server 中建立数据库之后，就可以在该数据库中创建数据表了。创建表可以通过表设计器和 Transact-SQL 语言实现，还可以利用已存在的表创建新表。但无论使用哪种方法，用户都要具有创建表的权限。在默认状态下，系统管理员和数据库的所有者具有创建表的权限。

创建表一般要经过定义表结构、设置约束和添加数据三个步骤，其中设置约束可以在定义表结构时建立，也可以在表结构定义完成之后再添加。

（1）定义表结构。

给表的每列设置数据的类型、长度、列数据是否为空等。

（2）设置约束。

限制数据列输入值的范围，保证输入数据的正确性、一致性和有效性等。

（3）添加数据。

表结构创建完成后，就可以向该表输入数据了。

1. 使用 SQL Server Management Studio 工具创建数据表

【例4.3】 在"student"数据库中创建学生表。

学生表、课程表和成绩表的表结构定义分别见表4.1、4.2和4.3。

表 4.1　学生表

列名称	数据类型	列长度	是否允许为空
学号	char	9	否
姓名	varchar	8	否
性别	char	2	是
年龄	tinyint	—	是
出生日期	datetime	—	是
专业	varchar	20	否

表 4.2　课程表

列名称	数据类型	长　度	是否允许为空
课程编号	char	6	否
课程名称	varchar	30	否
学时	tinyint	—	是

表 4.3　成绩表

列名称	数据类型	长　度	是否允许为空
学号	char	9	否
课程编号	char	6	否
成绩	tinyint	—	否

（1）启动 SQL Server Management Studio 工具，在【对象资源管理器】窗口中，依次打开【数据库】节点和【student】节点，右键单击【表】节点，在弹出的菜单中选择【新建表】，打开【表设计器】窗口。

（2）在【表设计器】窗口中创建学生表结构，如图4.2 所示。

【表设计器】中的每行描述了表中的一个列，每行有三列，分别描述"列名"、"数据类型及长度"和"允许空"属性。

图4.2　使用【表设计器】创建学生表结构

"列名"：应符合 SQL Server 的命名规则，可以是汉字、英文字母、数字、下划线及其他符号，在同一个表中的"列名"必须唯一。

"数据类型"：可以从"数据类型"的下拉列表中选择一种系统数据类型或用户自定义的数据类型。对于有默认长度的数据类型，可根据需要修改数据类型的长度，可以在数据类型关键字后的括号中直接修改，也可以修改"列属性"中的"长度"属性值。

"允许空"：指定列是否允许为 null 值。不允许为空的列，在插入或修改数据时必须输入数据，否则会出现错误。

【表设计器】中的"列属性"区用来设置所选列的附加属性，含名称、长度（或精度、小数位数）、默认值或绑定、数据类型、允许空、标识规范等。

"名称"：用来修改列的文本内容。

"长度"：用来修改数据类型的长度或精度和小数位数。

"默认值或绑定"：用来设置列的默认值，在插入数据时如果没有指定列的值，则自动使用默认值。

"标识规范"：用来设置列的自动编号属性，其中"标识种子"为自动编号的起始值，"标识增量"为编号每次增加的值。

2. 使用 Transact-SQL 创建数据表

语法格式：

create table table_name

(column_name column_properties [< 表约束定义] [,…n])

参数说明：

（1）table_name：表的名称。

（2）column_name：表中列的名称。

（3）column_properties：列属性。

（4）表约束定义：创建表约束。常见的约束有：

primary key：主键约束。

foreign key：外键约束。

unique：唯一性约束。

default：默认值约束。

check：检查约束关键字。

【例 4.4】 在"student"数据库中创建学生表。

在 SQL Server Management Studio 查询分析器窗口中运行如下命令：

use student

create table 学生表

(学号 char(9) not null primary key,

姓名 varchar(8) not null,

性别 char(2),

年龄 tinyint,

出生日期 datetime,

专业 varchar(20)

)

go

运行结果如图 4.3 所示。

图4.3 使用Transact-SQL创建学生表

3. 使用已有表创建新表

要在不同的数据库中创建相同的表或在同一数据库中创建结构相似的表时，可使用【编写表脚本为】命令生成表的脚本文件，然后根据需要对该脚本文件进行修改，以生成新表的脚本并执行。

【例 4.5】 在 "student" 数据库中创建学生信息表，其表结构与学生表相同。

因为在 "student" 数据库中已存在学生表，所以可以先生成学生表的脚本，然后将数据表的名称改为学生信息表，执行脚本文件即可。具体操作步骤如下：

（1）在【对象资源管理】窗口中，依次展开【数据库】节点、【student】节点和【表】节点，右键单击【学生表】，在弹出的菜单中依次选择【编写表脚本为】、【CREATE 到】、【新查询编辑器窗口】菜单，如图 4.4 所示。

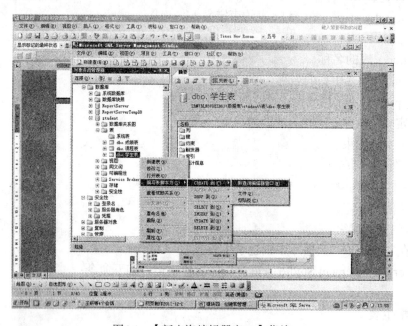

图4.4 【新查询编辑器窗口】菜单

进入【新查询编辑器窗口】并生成创建学生表的脚本，如图 4.5 所示。

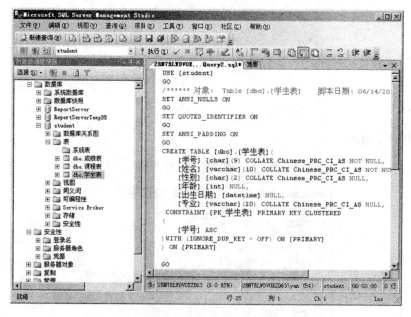

图4.5 【新建查询】窗口

（2）将 "学生表" 更名为 "学生信息表"，单击【执行】按钮，系统将自动完成学生信息表的创建。

"十二五"高职高专体验互动式创新规划教材

主　编　阎宏艳　王海波

副主编　梁　倩　吴荣珍　薛慧敏

　　　　王世刚　王金强

编　者　李祥杰　施艳容　陈震霆

　　　　王　妍　何志永　侯志强

SHUJUKU YINGYONGJISHU SQL Server PIAN SHIXUN SHOUCE

数据库应用技术
——SQL Server篇实训手册

哈尔滨工业大学出版社

目录 Contents

目录 Contents

实训 1 模型与关系模型的转换

【实训目的】
1. 熟悉 E-R 模型的概念。
2. 掌握 E-R 模型的设计方法。
3. 掌握 E-R 模型与关系模型的相互转换。

【主要知识点】
1. 用 E-R 模型表示实体、属性和联系

实体——用矩形表示，矩形内标注实体名称。

属性——用椭圆表示，用线段将其与实体连接。

联系——用菱形表示，在菱形内标注联系名，在线段旁标注联系类型。

2. E-R 图转换关系模型

一对一联系：两个实体分别转换为两个关系，每个实体保留自己的属性，将任意一实体的主关键字加入另一实体的关系中作为外关键字。

一对多联系：两个实体分别转换为两个关系，保留自己的属性，同时将一方的主关键字加入到多方中，作为多方的一个外关键字。

多对多联系：将两个实体分别转换为两个关系并保留自己的属性，再将联系也转换为一个关系，该关系的关键字由两个实体的关键字组合在一起，称为组合关键字，并附上联系的属性。

【实验内容】
任务一：创建图书借阅系统。

该系统包含以下信息和功能：

（1）图书借阅系统包含图书信息、读者信息及借阅信息。

（2）一个出版社可以出版多本图书，一本图书只能由一个出版社出版。

（3）一个读者可以借阅多本图书，一本图书可以分别借给不同的读者。

根据以上信息，完成以下任务：

1. 设计该系统的数据模型。

2. 绘制系统 E-R 图。

3. 将系统 E-R 图转换为关系模型。

任务二：创建学校管理系统。

该系统包含以下信息和功能：

（1）一个学校有多个专业。

（2）每个专业有多个班级。

（3）每个班级有多位学生。

（4）每个学生可选修多门课程。

（5）每门课程可被多位学生选修，不同学生选修的课程有分别对应的成绩。

根据以上信息，完成以下任务：

1. 设计该系统的数据模型。

2. 绘制系统 E-R 图。

3. 将系统 E-R 图转换为关系模型。

实训 2 创建和管理数据库 ⫼

【实训目的】

1. 使用 SQL Server Management Studio 工具创建数据库。

2. 使用 SQL Server Management Studio 工具修改、重命名、删除数据库。

3. 使用 Transact-SQL 创建数据库。

4. 使用 Transact-SQL 修改、重命名、删除数据库。

【主要知识点】

1. 使用 SQL Server Management Studio 工具创建和管理数据库

在【对象资源管理器】窗口中右键单击【数据库】节点，在弹出的快捷菜单中单击选择【新建数据库】命令，进入【新建数据库】界面，该界面主要包括【常规】、【选项】和【文件组】三个选项页，在该页面进行数据库的创建和管理。

2. 使用 Transact-SQL 创建和管理数据库

（1）创建数据库。

```
create database database_name
[on                                          -- 定义主数据文件
(
name=logical_file_name,                      -- 数据文件的逻辑名称
filename='os_file_name'，                     -- 数据文件的物理名称和路径
[,slae=size]                                  -- 数据文件的初始大小
[,maxsize ={ max_size | unlimited }]         -- 数据文件大小的上限
[,filegrowth=grow_increment]）                -- 数据文件的增长方式
}[,…n]
log on                                        -- 定义日志文件
{(name = logical_file_name,                   -- 日志文件的逻辑名称
filename ='os_file_name',                      -- 日志文件的物理名称
[,size=size]                                  -- 日志文件的初始大小
[,maxsize = { max_size | unlmited }]         -- 日志文件大小的上限
[,filegrowth=growth_increment])              -- 日志文件的增长方式
}[,…n]]
```

（2）打开数据库。

```
use database_name
```

（3）修改数据库。

①修改数据文件或日志文件。

```
alter database database_name
```

```
add file(name=logical_file_name,
filename='os_file_name'
[,size=size]
[,maxsize={max_size|unlimited}]
[,filegrowth=grow_increment])|
   add log file(name=logical_file_name,
filename='os_file_name'
[,size=size]
[,maxsize={max_size|unlimited}]
[,filegrowth = grow_increment])
```

②删除数据文件或日志文件。

```
alter database database_name
remove file logical_file_name
```

（4）重命名数据库。

```
exec sp_renamedb 'oldname','newname'
```

（5）删除数据库。

```
drop database database_name
```

【实验内容】

任务一：创建数据库 book。

其中数据文件 book.mdf，初始大小为 5 MB，最大尺寸为 10 MB，增长速度为 1 MB；日志文件为 book_log.ldf，初始大小为 1 MB，最大尺寸无穷大，增长速度为 10%。将数据库存储在 D 盘根目录下。

1. 使用对象资源管理器创建数据库 book。

2. 使用 Transact-SQL 命令创建数据库 book。

任务二：修改数据库 book。

1. 使用对象资源管理器修改 book 库。

（1）添加数据文件 book1.ndf，初始大小为 2 MB，最大尺寸为 10 MB，增长速度为 2 MB。

（2）添加日志文件 book1_log.ldf，初始大小为 1 MB，最大尺寸为 3 MB，增长速度为 1 MB。

（3）将日志文件 book_log.ldf 的初始大小修改为 2 MB，增长速度为 20%。

2. 使用 Transact-SQL 命令修改 book 数据库。

（1）添加数据文件 bookdata.ndf，初始大小为 3 MB，最大尺寸为 5 MB，增长速度为 10%。

（2）添加日志文件 bookdata_log.ldf，初始大小为 3 MB，最大尺寸采用默认值，增长速度为 5%。

（3）将数据文件 book.mdf 的初始大小修改为 8 MB，最大尺寸为 20 MB，增长速度为 2 MB。

任务三：重命名数据库 book。

（1）将 book 数据库设置为单用户模式。

（2）执行 sp_renamedb 存储过程进行更名操作，将数据库名更改为 bookin。

任务四：删除数据库 bookin。

1.使用对象资源管理器删除数据库 bookin。

2.使用 Transact-SQL 命令删除数据库 bookin。

实训 3 数据表的创建和管理 ‖

【实训目的】

1.使用 SQL Server Management Studio 工具创建表结构。

2.使用 SQL Server Management Studio 工具修改表结构。

3.使用 SQL Server Management Studio 工具删除数据表。

4.使用 Transact-SQL 创建表结构。

5.使用 Transact-SQL 修改表结构。

6.使用 Transact-SQL 删除数据表。

7.掌握数据完整性操作。

【主要知识点】

1.使用 SQL Server Management Studio 工具创建和管理数据表

（1）创建表结构。

在【对象资源管理器】窗口中展开【数据库】节点，右键单击【表】节点，在弹出的快捷菜单中单击选择【新建表】命令，打开【表设计器】窗口，在【表设计器】窗口中创建表结构。

（2）修改表结构。

在【对象资源管理器】窗口中依次展开【数据库】节点和【表】节点，右键单击要修改的表名，在弹出的快捷菜单中选择【修改】命令，打开【表设计器】窗口，在【表设计器】窗口中修改表结构。

（3）删除数据表。

在【对象资源管理器】窗口中依次展开【数据库】节点和【表】节点，右键单击要删除的表名，在弹出的快捷菜单中选择【删除】命令。

2.使用 Transact-SQL 创建和管理数据表

（1）创建数据表。

create table table_name

(column_name column_properties [< 表约束定义] [,…n])

（2）修改表结构。

①修改列属性。

alter table table_name

alter column column_name datatype [null|not null]

②增加列。

alter table table_name

add column_name datatype

③删除列。

alter table table_name

drop column column_name

（3）删除数据表。

drop table table_name

3. 数据完整性操作。

（1）使用 SQL Server Management Studio 工具创建和管理约束。

①创建和管理约束。

在【对象资源管理器】窗口中，依次展开【数据库】节点、【student】节点及【表】节点，右键单击【学生表】，在弹出的快捷菜中选择【修改】，打开【表设计器】窗口，在【表设计器】窗口创建和管理约束。

②删除约束。

在【对象资源管理器】窗口依次展开【数据库】节点、【student】节点、【表】节点、【学生表】节点和【约束】节点，右键单击要删除的约束名，在弹出的菜单中选择【删除】命令。

（2）使用 Transact-SQL 创建约束。

①主键约束。

alter table table_name

add

constraint constraint_name

primary key [clustered|nonclustered]

{(column[,... n])}

②唯一约束。

alter table table_name

add

constraint constraint_name

unique [clustered|nonclustered]

{(column[,... n])}

③检查约束。

alter table table_name

add constraint constraint_name

check (logical_expression)

④默认约束。

alter table table_name

add constraint constraint_name

default constant_expression [for column-name]

⑤外键约束。

alter table table_name

add constraint constraint_name

[foreign key] {(column-name[,…])}

references ref_table [(ref_column_name[,…])}

（3）使用 Transact-SQL 删除约束。

alter table table_name

drop constraint constraint_name [,…n]

【实验内容】

任务一：分别使用对象资源管理器和 Transact-SQL 命令创建数据表（表 1~4）。

表 1　图书信息表（book）

列　名	数据类型	大　小	小数位数	是否为空	默认值
图书编号	char	8		N	GBZT0001
图书名称	varchar	50		N	
作者	char	8			
出版社	varchar	50			
出版日期	datetime				
定价	money			N	

表 2　作者信息表（author）

列　名	数据类型	大　小	小数位数	是否为空	默认值
作者编号	char	8		N	
作者	varchar	10		N	
性别	char	2			
年龄	int				
职称	varchar	20			
学历	char	10			

表 3　读者信息表（reader）

列　名	数据类型	大　小	小数位数	是否为空	默认值
借书证号	char	6		N	JY0001
姓名	char	8		N	
性别	char	2			男
年龄	int				
联系电话	char	11		N	

表4　借阅信息表（borrow）

列　名	数据类型	大　小	小数位数	是否为空	默认值
借书证号	char	6		N	JY0001
图书编号	char	8		N	GBZT0001
借阅时间	datetime			N	
还书日期	datetime	11			
备注	char	50			

任务二：分别使用对象资源管理器和 Transact-SQL 命令修改数据表。

1. 为 borrow 表增加一个备注字段，数据类型和大小为 varchar(50)。

2. 为 reader 表增加一个出生日期字段，数据类型为 datetime。

3. 将 book 表中的出版日期字段的类型修改为 smalldatetime 型。

4. 将 author 表中的作者字段修改为作者姓名，类型和宽度为 char(8)。

5. 删除 borrow 表中的备注字段。

6. 删除 reader 表中的出生日期字段。

任务三：数据完整性操作

1. 分别为 book，author，reader 和 borrow 表添加主键约束，约束名为 B_book，B_author，B_reader 和 B_borrow。

2. 为 borrow 表中的图书编号字段为外键，参照 book 表中的图书编号，约束名为 B_borrow_no。

3. 为 reader 表中的年龄字段添加检查约束，要求年龄大于 0，约束名为 B_reader_age。

4. 为 author 表中的性别字段添加默认值约束，默认值为"男"，约束名为 B_author_sex。

任务四：删除数据表 author。

实训4　表中数据的操作

【实训目的】

1. 使用 SQL Server Management Studio 工具添加记录。

2. 使用 SQL Server Management Studio 工具修改记录。

3. 使用 SQL Server Management Studio 工具删除记录。

4. 使用 Transact-SQL 添加记录。

5. 使用 Transact-SQL 修改记录。

6. 使用 Transact-SQL 删除记录。

【主要知识点】

1. 使用 SQL Server Management Studio 工具添加或管理数据

在【对象资源管理器】窗口中，右键单击【学生表】，在弹出的菜单中选择【打开表】

选项，打开【查询设计器】窗口。

在【查询设计器】窗口可以输入、修改或删除数据。

2. 使用 Transact-SQL 添加或管理数据

（1）添加记录。

insert [into] table_name(column_list)

values

（{expression}[,…n]）

（2）修改记录。

update table_name

set

{columns_name={expression|default|null}

}[,…n]

（3）删除记录。

delete table_name

[from {<table_source>}[,…n]]

[where

{<search_condition>}

]

【实验内容】

任务一：分别为数据表 book，book1，reader 和 borrow 添加记录。

1. 使用 SQL Server Management Studio 工具为数据表 book 添加数据。

2. 使用 Transact-SQL 为 reader 表添加数据（表 5~7）。

表 5　图书信息表（book）

图书编号	图书名称	作　者	出版社名称	出版日期	定　价
GBZT0001	计算机网络技术	王靖	清华大学出版社	2011-9	28.00
GBZT0002	数据库应用技术	李奇	人民邮电出版社	2010-1	32.80
GBZT0003	大学英语	刘云	机械工业出版社	2012-2	22.00
GBZT0004	Web 技术	孙楠	哈尔滨工业大出版社	2011-6	25.60
GBZT0005	操作系统基础	吴晓丹	科学出版社	2010-1	30.00
GBZT0006	计算机安全技术	赵小乐	高等教育出版社	2011-3	33.50

表 6　读者信息表（reader）

借书证号	姓　名	性　别	年　龄	联系电话
JY0001	孙小雨	女	20	13812103230
JY0002	李立华	男	25	13713153890
JY0003	于娟娟	女	19	15923173651

续表6

借书证号	姓　名	性　别	年　龄	联系电话
JY0004	周新	男	21	15856123213
JY0005	张彤	女	23	15052212666
JY0006	胡东	男	18	15256987233

表7　借阅信息表（borrow）

借书证号	图书编号	借阅时间	还书日期
JY0001	GBZT0003	2011-9-25	2011-11-12
JY0002	GBZT0002	2011-10-23	
JY0003	GBZT0005	2012-2-26	2012-3-28
JY0004	GBZT0006	2011-11-2	2011-12-12
JY0005	GBZT0004	2012-5-15	
JY0006	GBZT0001	2012-5-9	

任务二：在 book 表中添加一条纪录："GBZT0007"、"网络操作系统"、"周毅"、"清华大学出版社"、"2012-3"、"27.50"。

任务三：在 book 表中添加一条记录：图书编号：GBZT0008；图书名称：数据库原理；定价：36.80。

任务四：在 reader 表中添加一条纪录："JY0006"、"李小青"、"女"，20。

任务五：将 book 表中大学英语的定价更改为 24.50。

任务六：将 reader 表中周新的性别改为女。

任务七：将 borrow 表中图书编号为 GBZT0001 的书籍借阅时间更改为 2012-5-30。

任务八：删除 book 表中编号为 GBZT0007 的记录。

任务九：删除 book 表中图书名称为"数据库原理"的记录。

实训 5 数据查询 ‖

【实训目的】

1. 掌握 selete 基本查询。

2. 掌握条件查询操作。

3. 掌握排序查询操作。

4. 掌握分组查询操作。

5. 掌握计算查询操作。

6. 掌握连接查询操作。

7. 掌握嵌套查询操作。

8. 掌握 union 运算符的使用。

9. 掌握 exists 关键字的使用。

【主要知识点】

1.select 基本查询

select < 选择列表 >

[from <table_name|view__name[,...n]>]

掌握星号（＊）、disinct 关键字、top n [percent] 关键字和聚合函数的使用等。

2. 条件子句

where < 条件表达式 >

（1）常用的比较运算符：=（等于）、>（大于）、<（小于）、>=（大于等于）、<=（小于等于）、<>（不等于）、!=（不等于）、!>（不大于）、!<（不小于）。

（2）常用的逻辑运算符：and（与）、or（或）、not（非）。

（3）in 关键字。

（4）between 关键字。

（5）like 关键字。

3. 排序子句

order by [关键字段 1][，关键字段 2][...n]

4. 分组子句

group by 分组字段

5. 计算子句

（1）计算。

compute 聚合函数（字段）

（2）分类计算。

order by 分组字段

compute by 聚合函数（计算字段）BY 分组字段

6. 连接查询

select < 选择列表 >

from table_name1, table_name2,...n

where table_name1. 关键字 = table_name2. 关键字，…

7. 嵌套查询

select < 选择列表 >

　　from <table_name|view_name,...>

　　where|having < 含 select 语句的条件表达式 >

8.exists 关键字

where [not]exixts（select 子查询语句）

9.union 运算符

select 语句 1 union select 语句 2

【实验内容】

任务一：练习简单的查询操作。

1. 查询 book 表中图书号、书名和出版社。

2. 查询 book 表中图书的所有信息。

3. 查询 reader 表中的读者信息。

4. 查询 book 表中图书的出版社，要求消除重复内容。

5. 查询 book 表中图书的图书编号、书名和定价，要求只显示前三行数据。

6. 查询 book 表中图书的图书编号、书名和定价，要求只显示前 3% 的数据行。

7. 查询 book 表中图书的图书编号、书名和定价，以"book_ID"，"book_name"和"book_price"作为显示列名。

8. 查询 book 表中图书的名称，要求显示格式如"图书名称为：大学英语"。

9. 查询 book 表中图书的最高定价、最低价格和平均定价。

10. 查询 reader 表中最小的读者年龄。

任务二：where 条件查询练习。

1. 查询 book 表中图书的名为《大学英语》的出版社和定价。

2. 查询 book 表中图书的价格高于 50.00 元的图书的名称、出版社和定价。

3. 查询 book 表中图书的清华大学出版社出版的价格低于 30.00 元的图书名称和定价。

4. 查询 reader 表中年龄大于 20 或性别为女的读者姓名、性别和年龄。

5. 查询 book 表中清华大学出版社、人民邮电出版社和高等教育出版社出版的图书名称和价格。

6. 查询 reader 表中借书证号不为 JY0001，JY0003，JY0005 的读者的借书证号和姓名。

7. 查询 book 表中图书定价在 30.00~50.00（包含 30 和 50）之间的图书名称和定价。

8. 查询 reader 表中年龄在 18.00~22.00（不含 18 和 22）之间的读者姓名和年龄。

9. 查询 book 表中图书名称中包含"网络"的图书编号、名称和定价。

10. 查询 reader 表中张姓读者的姓名和年龄。

任务三：order by 排序查询练习。

1. 查询 book 表中图书名称、出版社和定价，查询结果按定价降序显示。

2. 查询 book 表中图书名称和出版日期，查询结果按出版日期升序显示。

3. 查询 reader 表中读者的姓名和性别，查询结果按性别降序显示。

4. 查询 book 表中人民邮电出版社出版的图书名称和定价，查询结果按定价升序显示。

5. 查询 reader 表中年龄大于 25 的读者的姓名、性别和年龄，查询结果按性别升序显示。

任务四：group by 分组查询练习。

1. 按出版社分别查询 book 表中每个出版社出版的图书数量。

2. 按出版社分别查询 book 表中每个出版社出版定价低于 35.00 元的图书数量。

3. 按性别分别查询 reader 表中男、女读者的人数。

4. 按性别分别查询 reader 表中年龄大于 20 的男、女读者的人数。（使用 where 子句）

5. 按性别分别查询 reader 表中年龄大于 20 的男、女读者的人数。（使用 having 子句）

任务五：compute 计算查询练习。

1. 查询 book 表中图书编号、名称、出版社和平均定价。

2. 查询 book 表中哈尔滨工业大出版社出版的图书名称、出版日期和平均定价。

3. 查询 reader 表中男读者的平均年龄。

任务六：compute by 计算查询练习。

1. 查询 book 表中每个出版社的平均定价。

2. 查询 book 表中每个出版社出版的图书名称和平均定价。

3. 查询 reader 表中男、女读者的姓名和平均年龄。

任务七：连接查询练习。

1. 查询读者周欣的借书证号和还书时间。

2. 查询图书编号为 GBZT0002 的图书名称和借阅日期。

3. 查询借书证号为 JY0005 的读者姓名、性别和还书日期。

任务八：嵌套查询练习。

1. 查询 book 表中定价高于平均定价的图书名称和出版社。

2. 查询 reader 表中年龄低于平均年龄的读者姓名和性别。

3. 查询 reader 表中年龄低于平均年龄的男读者的姓名和年龄。

任务九：exists 关键字的使用。

1. 若 book 表中图书编号为 GBZT0003 的图书存在，显示其图书名称、出版社和定价。

2. 判断 reader 表中借书证号为 JY0010 的读者是否存在，若存在，显示其姓名和性别。

任务十：union 运算符的使用。

从 borrow 表中查询图书编号，从 reader 表中查询读者的联系电话。

实训 6 建立和管理索引 ‖‖

【实训目的】

1. 掌握用 SQL Server Management Studio 创建聚集索引和非聚集索引。

2. 掌握用 SQL Server Management Studio 重命名索引。

3. 掌握用 SQL Server Management Studio 显示索引信息。

4. 掌握用 SQL Server Management Studio 删除索引。

5. 掌握用 Transact-SQL 创建聚集索引和非聚集索引。

6. 掌握用 Transact-SQL 重命名索引。

7. 掌握用 Transact-SQL 显示索引信息。

8. 掌握用 Transact-SQL 删除索引。

【主要知识点】

1. 使用 SQL Server Management Studio 工具创建和管理索引

（1）创建索引。

在【对象资源管理器】中依次展开【数据库】节点、【student】节点、【学生表】节点及【索引】节点，右键单击【索引】节点，在弹出的快捷菜单中选择【新建索引】选项，打开【新建索引】窗口，在该窗口创建索引。

（2）重命名索引。

单击打开【索引】节点，右键单击要管理的索引名，在弹出的快捷菜单中选择【重命名】选项。

（3）删除索引。

单击打开【索引】节点，右键单击要管理的索引名，在弹出的快捷菜单中选择【删除】选项。

2. 使用 Transact-SQL 创建和管理索引

（1）创建索引。

create [unique] [clustered|nonclustered]

index index_name

on table_name|view_name(column[ASC|DESC][, ...n])

[with [index_property[, ...n]]]

（2）重命名索引。

exec sp_rename ' 表名 . 原索引名称 ',' 新索引名称 '

（3）删除索引。

drop index 表名 . 索引名 | 视图名 . 索引名 [,...n]

【实验内容】

任务一：使用 SQL Server Management Studio 工具创建和管理索引。

1. 用 SQL Server Management Studio 为 book 表中的图书编号列创建 primary key，则系统在此 primary key 键上按照升序创建聚集索引。

2. 用 SQL Server Management Studio 为 reader 表中的借书证号列按照降序创建唯一的非聚集索引 IX_ 借书证号。

3. 用 SQL Server Management Studio 显示 reader 表中唯一索引 RD_ 借书证号的属性信息。

4. 用 SQL Server Management Studio 将 reader 表中索引 RD_ 借书证号重命名为 index_ID。

5. 用 SQL Server Management Studio 删除索引 index_ID。

任务二：使用 Transact-SQL 命令创建和管理索引。

1. 用 Transact-SQL 为 reader 表中的借书证号列创建聚集索引。

2. 用 Transact-SQL 为 borrow 表中的图书编号列创建非聚集索引 IX_ 图书编号，并按照升序排序。

3. 用 Transact-SQL 为 book 表中的图书名称列创建唯一索引 IX_ 图书名称，并按照降序排序。

4. 使用系统存储过程 sp_helpindex 查看 book 表中的索引信息。

5. 使用系统存储过程 sp_rename 将 book 表中的索引 "IX_ 图书名称" 重命名为 "IX_bookname"。

6. 用 Transact-SQL 删除 book 表中的索引 IX_ 图书名称。

实训 7　建立和管理视图 |||

【实训目的】

1. 了解视图的概念和作用。

2. 掌握视图的创建、重命名、显示、删除和应用。

【主要知识点】

1. 使用 SQL Server Mangagement Studio 工具创建和管理视图

（1）创建视图。

在【对象资源管理器】中展开【数据库】节点，右键单击【视图】节点，在弹出的菜单中选择【新建视图】命令。

（2）管理视图。

在【对象资源管理器】中右键单击要更名的视图名，在快捷菜单中选择相应的命令，可以重命名、修改、删除视图。

2. 使用 Transact-SQL 创建和管理视图

（1）创建视图。

create view view_name

as select_statement

（2）重命名视图。

sp_rename [@objectname=]'object_name',[@newname=]'new_name'

（3）修改视图。

alter view view_name

as select_statement

（4）删除视图。

drop view view_name [,...n]

【实验内容】

任务一：创建和管理视图。

1. 在 book 数据库中，创建名为"V_图书"视图，显示图书名称和定价。

2. 创建名为"V_读者"视图，显示读者的姓名和借书证号。

3. 创建名为"V_借阅"视图，显示借书证号和借阅时间。

4. 创建名为"图书信息"视图，内容为图书的编号、名称、出版社和借阅时间。

5. 查看"图书信息"视图。

6. 将"图书信息"视图更名为"图书信息表"视图。

7. 删除"V_借阅"视图。

任务二：视图的应用。

1. 在"图书信息表"视图中插入数据（"GBZT0010"，"网页制作"，"人民邮电出版社"，"2012-5-6"）。

2. 将"图书信息表"视图中图书编号为"GBZT0010"的图书名称修改为"网页设计与制作"。

3. 删除"图书信息表"视图中图书编号为"GBZT0010"的数据。

实训8 存储过程和触发器的应用

【实训目的】

1. 了解存储过程的概念和触发器的类型。

2. 掌握存储过程和触发器的创建。

3. 学会管理存储过程和触发器。

【主要知识点】

1. 使用 SQL Server Mangagement Studio 工具创建和管理存储过程

（1）创建存储过程。

在【对象资源管理器】窗口依次展开【数据库】节点及【可编程性】节点，右键单击【存储过程】，选择【新建存储过程】，在右侧文档窗口中出现存储过程的模板，按照模板要求完成程序的编写和设计。

（2）管理存储过程。

在【对象资源管理器】窗口依次展开【数据库】节点、【可编程性】节点及【存储过程】节点，右键单击要执行的存储过程名，选择相应的命令可以执行、修改、重命名和删除存储过程。

2. 使用 Transact-SQL 创建和管理存储过程

（1）创建存储过程。

create { proc | procedure } procedure_name [; number]

[{ @parameter data_type }

[[out [PUT]] [,...n]

[with <procedure_option> [,...n]

as

SQL 语句

（2）执行存储过程。

① execute procedure_name [value1, value2, ...]

② execute procedure_name [@parameter=value, ...]

（3）修改存储过程。

alter { proc | procedure } procedure_name [; number]

[{ @parameter data_type }

[[out [put]] [,...n]

[with <procedure_option> [,...n]

as

SQL 语句

（4）删除存储过程。

drop proc procedure_name

3. 使用 SQL Server Mangagement Studio 工具创建触发器

在【对象资源管理器】中依次展开【数据库】节点、【Student】节点及【表】节点，选中要创建触发器的数据表，右键单击【触发器】节点，在弹出的菜单中选择【新建触发器】命令。

4. 使用 Transact-SQL 创建触发器

create trigger trig_name

on {table_name|view_name}

{for|alter|instead of} {[insert],[delete],[update]}

with encryption

as

SQL 语句

【实验内容】

任务一：使用 SQL Server Management Studio 工具创建和管理存储过程。

1. 在 book 数据库中，创建查询指定图书编号、名称、出版社和定价等信息的存储过程 proc_bookinfo，执行该存储过程。

2. 创建查询读者姓名、性别和年龄的存储过程 proc_readerinfo，执行该存储过程。

3. 修改存储过程 proc_bookinfo，查询指定图书编号为 GBZT0005 的图书信息。

4. 将存储过程 proc_readerinfo 更名为 proc_reader。

5. 删除存储过程 proc_bookinfo。

6. 删除存储过程 proc_reader。

任务二：使用 Transact-SQL 创建和管理存储过程。

1. 创建一个名为 show_bookid 的存储过程，该存储过程带有一个输入参数 @id，通过设置该参数的值，按照图书编号查询图书的信息。

2. 执行带参数的存储过程 show_bookid，参数值为 "GBZT0002"。

3. 创建带有返回参数的存储过程 show_getage，该存储过程带有三个返回参数，分别是 @max_age(最大年龄)，@min_age(最小年龄)，@avg_age(平均年龄)，通过参数可以分析出读者的年龄情况。

4. 执行带有返回参数的存储过程 show_getage。

5. 修改存储过程 show_bookid，查询图书编号为 "GBZT0005" 的图书信息。

6. 删除存储过程 show_bookid。

任务三：使用 Transact-SQL 创建和管理触发器。

1. 创建 insert 类型的触发器

（1）在 book 表中创建一个 insert 类型的触发器 Trig_Insert_book，使得该触发器在被触发时，将进行成功插入提示：数据插入成功。

（2）在 book 表中插入一条记录："GBZT0008"、"数据结构"、"刘宁"、"哈尔滨工业大出版社"、"2012-5"、"39.50"，查看触发结果。

2. 创建 update 类型的触发器

（1）在 book 表中创建一个 update 类型的触发器 Trig_Update_book，要求不得修改定价字段，同时该触发器在被触发时，将进行成功修改提示：数据修改成功。

（2）将 book 表中图书编号为 GBZT0008 的记录出版日期修改为 2012-1，定价修改为 38.80，查看触发结果。

（3）显示 book 表信息。

3. 创建 delete 类型的触发器

（1）在 book 表中创建一个 delete 类型的触发器 Trig_Delete_book，要求不得删除定价超过 35.00 元的记录，同时该触发器在被触发时，将进行成功删除提示：数据删除成功。

（2）删除 book 表中图书编号为 GBZT0008 的记录，查看触发结果。

（3）显示 book 表信息。

实训 9 SQL Server 程序设计 ▐

【实训目的】

1. 了解常量与变量。

2. 掌握运算符的使用。

3. 掌握函数的调用。

4. 掌握流控语句，能进行程序设计。

5. 了解游标。

【主要知识点】

1. 局部变量的定义

declare { @variable_name data_type }[,...n]

2. 局部变量的赋值

（1）select 命令。

（2）set 命令。

3. 语句块 begin...end

begin

{ sql_statement | statement_block }

end

4. 条件执行语句 if...else

if boolean_expression

  { sql_statement | statement_block }

[else

  { sql_statement | statement_block }]

5.while 循环语句

while boolean_expression

{ sql_statement | statement_block }

[break]

[sql_statement | statement_block]

[continue]

6. 声明游标

declare cursor_name [insensitive] [scroll] cursor

for select_statement

[for { read only | update [of column_name [,...n]] }]]

7. 打开游标

open { {[global] cursor_name} | cursor_variable_name }

8. 关闭游标

close { {[global] cursor_name } | cursor_variable_name }

9. 释放游标

deallocate { { [global] cursor_name } | cursor_variable_name }

【实验内容】

任务一：定义变量，并为其赋值。

1. 定义变量 name，varchar(8) 和变量 age，int 型，并分别为其赋值 "张三"、"35"。

2. 使用 selete 语句从 book 表中检索出图书编号为 "GBZT0003" 的数据行，再将图书的名称赋值给变量 @book_name。

任务二：自定义函数。

1. 创建用户定义函数 user，返回输入图书编号的图书名称和定价。

2. 执行用户定义函数 user，返回编号为 "GBZT0001" 的图书信息。

3. 删除用户定义函数 user。

任务三：程序设计。

1. 计算 reader 表中读者的平均年龄，若平均年龄小于 35，显示 "读者年龄偏轻"，否则显示 "读者年龄偏大"。

2. 判断 book 表中人民邮电出版社出版的图书的平均定价是否大于 50.00，若平均定价大于 50.00，显示 "该出版社出版的图书价格偏高"，若平均定价低于 20.00，则显示 "该出版社出版的图书价格偏低"，否则显示 "该出版社出版的图书价格适中"。

任务四：游标的定义和使用。

1. 使用 SQL-92 标准声明一个游标，用于访问 book 数据库中 reader 表的信息。

2. 为 book 表定义一个全局滚动动态游标，用于访问图书的编号、名称和出版社。

3. 打开为 book 表定义的游标，读取游标中的数据。

4. 关闭为 book 表定义的游标。

5. 释放为 book 表定义的游标。

实训 10 SQL Server 安全管理与日常维护

【实训目的】

1. 学习安全认证。

2. 能够创建和管理账户。

3. 掌握数据的导入和导出。

4. 掌握数据库的备份与还原。

【主要知识点】

1. 使用 SQL Server Mangagement Studio 工具创建和管理账户

（1）创建登录账户。

在【对象资源管理器】窗口中，单击展开【安全性】节点，右键单击【登录名】，在弹出的快捷菜单中选择【新建登录名】命令，打开【登录名—新建】窗口，在该窗口创建登录账号。

（2）创建数据库用户。

在【对象资源管理器】窗口中，依次展开【数据库】节点、【student】节点及【安全性】节点，右键单击【用户】，在弹出的快捷菜单中选择【新建用户】命令，打开【数据库用户—新建】窗口，在该窗口创建数据库用户。

（3）删除数据库用户。

在【对象资源管理器】窗口中，依次展开【数据库】节点、【student】节点、【安全性】节点及【用户】节点，右键单击要删除的用户名，在弹出的快捷菜单中选择【删除】命令。

（4）删除登录账号。

在【对象资源管理器】窗口中，依次展开【安全性】节点及【登录名】节点，右键单击要删除的登录名，在弹出的快捷菜单中选择【删除】命令。

2. 使用系统存储过程创建账户

（1）创建登录账户。

exec sp_addlogin ['login_name'] [，password] [，'database_name']

（2）创建数据库用户。

exec sp_assuser ['login_name'] [，'user_name'] [，'database_name']

（3）删除数据库用户。

exec sp_revokebaccess 'user_name'

（4）删除登录账号。

exec sp_droplogin 'login_name'

3. 使用 SQL Server Mangagement Studio 工具设置权限

在【对象资源管理器】窗口中，展开【数据库】节点，右键单击【student】，在弹出的快捷菜单中选择【属性】命令，打开【数据库属性】窗口，选择【选择】页窗口中的【权限】项，进入权限设置页面，设置数据库权限。

4. 使用 Transact-SQL 语句设置权限

（1）授予权限。

①授予语句权限。

grant {all} statement [,…n]}

to security_account [,…n]

②授予对象权限。

grant { all[privileges] | permission[,…n]}

{

[（column[,…n])] on {table | view}

| on {table | view}[(column [,…n])]

| on {stored_procedure | extended_procedure}

| on {user_defined_function}

}

to security_account[,…n]

[with grant option]

[as {group|role}]

（2）撤销权限。

revoke 语句

5. 数据的导入和导出

在【对象资源管理器】中展开【数据库】节点，右键单击【student】节点，在弹出的快捷菜单中选择【任务】→【导入数据】选项，打开【SQL Server 导入和导出向导】窗口，在该窗口按提示进行数据的导入、导出操作。

6. 数据库备份

（1）使用对象资源管理器创建备份设备。

在【对象资源管理器】中，展开【服务器对象】节点，右键单击【备份设备】，在弹出的快捷菜单中选择【新建备份设备】选项，打开【备份设备】窗口，在该窗口进行备份操作。

（2）使用 Transact-SQL 语句备份数据库。

exec sp_addumpdevice 'device_type', 'logical_name', 'physical_name'

7. 数据库还原

（1）使用【对象资源管理器】还原数据库。

在【对象资源管理器】中，展开数据库，右键单击【student】数据库，在弹出的快捷菜单中，选择【任务】→【还原】→【数据库】命令，打开【还原数据库】窗口，在该窗口进行还原操作。

（2）使用 Transact-SQL 语句备份数据库

restore database database_name from backup_device

【实验内容】

任务一：创建一个名为"bookuser"的用户，对 book 数据库中的 book 表只有查询的权限，没有删除、插入、更新等维护权限。然后以"bookuser"用户通过查询分析器登录到 SQL Server 服务器，对 book 表进行增删改及查询操作。

任务二：创建用户和权限管理。

1. 创建登录名为 myuser，密码为 abc123，默认数据库是"book"，并能连接到"book"数据库的用户。

2. 把 reader 表的权限授予用户 user。

3. 把对 book 表的全部操作权限授予 user。

4. 把对 book 表的查询权限授予所有用户。

5. 撤销所有用户对 rezder 的查询权限。

任务三：数据的导入导出。

把 reader 表导出为 Excel 表格。

任务四：数据库的备份还原。

1. 建立备份设备为 DB_book。

2. 在备份设备 DB_book 上对 book 数据库进行备份。

如果在不同的数据库创建相同的表，只需修改数据库的名称；如果在同一数据库中创建相似的表，则除更改数据表的名称外，还需按要求进一步进行修改。

（3）单击【保存】按钮保存该脚本文件，以便将来创建相似的数据表时使用。

4.2.2 查看表信息

1.查看表的基本信息

表创建完成后，服务器将在 sysobjects 系统表中记录表的名称、对象 ID、表类型、创建时间、拥有者 ID 等若干信息；同时在 syscolumns 系统表中记录列名、列 ID、列的数据类型以及列长度等与列相关的属性。这些系统信息都统一存储在 master 系统数据库里。

（1）使用 SQL Server Management Studio 工具查看表的基本信息。

在【对象资源管理器】窗口中，依次展开【数据库】节点、【student】节点及【表】节点，右键单击【学生表】，在弹出的菜单中选择【属性】选项，打开【表属性】对话框。在【表属性】对话框中，有【常规】、【权限】和【扩展属性】三个选项，可以分别查看表的相关信息。

（2）使用系统存过程查看表的基本信息。

① 使用系统存过程 sp_help 查看表的基本信息。

语法格式：

sp_help table_name

【例4.6】 查看学生表信息。

在 SQL Server Management Studio 查询分析器窗口中运行如下命令：

use student

go

sp_help 学生表

go

运行结果如图 4.6 所示。

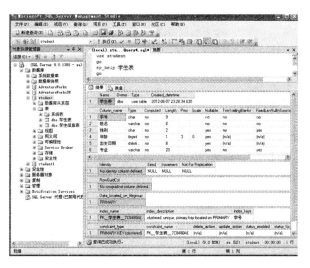

图4.6 查看学生表信息

② 使用系统存储过程 sp_spaceused 可以查看表的行数以及表使用的存储空间的信息。

语法格式：

sp_spaceused table_name

【例4.7】 查看学生表存储空间信息。

在 SQL Server Management Studio 查询分析器窗口中运行如下命令：

sp_spaceused 学生表

go

运行结果如图 4.7 所示。

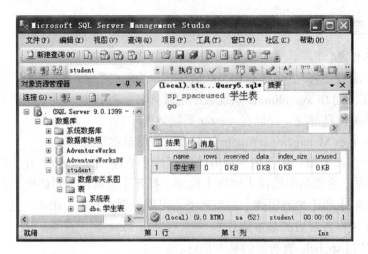

图4.7　使用sp_spaceused查看学生表存储空间信息

2. 查看表中的数据

（1）使用 SQL Server Management Studio 工具查看表中的数据。

在【对象资源管理器】窗口中，依次展开【数据库】节点、【student】节点及【表】节点，右键单击【学生表】，在弹出的菜单中选择【打开表】选项，打开【查询设计器】窗口，查看表中的数据 信息。

（2）使用 Transact-SQL 语言查看表中的数据。

在【查询分析器】窗口中，使用 select 语句查看表中的数据。

【例4.8】　使用 select 语句查看学生表中的记录。

在 SQL Server Management Studio 查询分析器窗口中运行如下命令：

use student

go

select * from 学生表

go

4.2.3 数据表的修改

1. 使用 SQL Server Management Studio 工具修改表结构

在【对象资源管理器】窗口中，右键单击【学生表】节点，选择【修改】，打开【表设计器】窗口。在此界面中，可根据需要进行增加列、删除列、修改列属性等各项操作。

2. 使用 Transact-SQL 修改表结构

可以使用 alter table 语句在已有的表中添加、修改或删除列。

语法格式：

（1）修改已存在列的属性。

alter table table_name

alter column column_name datatype [null|not null]

（2）在表中增加列。

alter table table_name

add column_name datatype

（3）删除列。

```
alter table table_name
drop column column_name
```

被删除的列不能被恢复。

具有以下特征的列不允许删除：

①创建有索引的列字段。

②创建约束的列字段。

③绑定到规则的列字段。

【例 4.9】 在学生信息表中增加"入学日期"列，删除"年龄"列，修改课程表的"课程名称"的长度为 20。

在 SQL Server Management Studio 查询分析器窗口中运行如下命令：

```
use student
go
alter table 学生信息表 add 入学日期 datetime              --增加入学日期列
alter table 学生信息表 drop column 年龄                    --删除年龄列
alter table 课程表 alter column 课程名称 varchar(20) not null    --修改课程名称列
go
```

4.2.4 数据表的删除

1. 使用 SQL Server Management Studio 工具删除表

在【对象资源管理器】窗口中，右键单击【学生信息表】，在弹出的菜单中选择【删除】选项，系统进入【删除对象】界面，选择要删除的对象，单击右下角的【确定】按钮，完成删除表的操作。

2. 使用 Transact-SQL 删除表

语法格式：

```
drop table table_name
```

【例 4.10】 使用 Transact-SQL 删除学生信息表。

在 SQL Server Management Studio 查询分析器窗口中运行如下命令：

```
drop table 学生信息表
go
```

项目 4.3 数据完整性

对数据库中的数据进行添加、修改和删除操作时，有可能造成数据的破坏或出现相关数据不一致的现象。为了保证数据的正确无误和相关数据的一致性，除了要在数据操作时认真仔细外，更重要的是要建立数据库系统本身的维护机制。SQL Server 2005 提供了约束、规则、默认、标识列、触发器和存储过程等维护机制来保证数据库中数据的正确性和一致性。

4.3.1 数据完整性的概念

数据完整性是指存储在数据库中的数据正确无误，并且相关数据具有一致性。数据库中数据是否完整，关系到数据库系统能否如实客观地反映现实世界。例如，在学生表中，学生要具有唯一性，性别只能是男或女，其所在的系部、专业、班级必须是存在的，否则就会出现数据库的数据与现实不符的现象。如果数据库中的数据不完整，或是不一致，那么也就没有实际意义，也没有存在的必要。所以，实现数据的完整性在数据管理系统中十分重要。

根据数据完整性机制所作用的数据库对象和范围不同，数据完整性可分为实体完整性、域完整性、参照完整性和用户定义完整性四种类型。

1. 实体的完整性

实体是指表中的记录，表中的一条记录就是一个实体。实体的完整性要求在表中不能存在完全相同的记录，而且每条记录都要具有一个非空且不重复的主键值。这样，就可以保证数据所代表的任何事物都可以区分，都不重复。例如，学生表中的学号必须唯一，并且不能为空，这样才能保证学生记录的唯一性。

实现实体完整性的方法主要有主键约束、唯一约束和标识列等。

2. 域完整性

域完整性是指特定列的有效性。域完整性要求向表中指定列输入的数据必须具有正确的数据类型、格式及有效的数据范围。例如，学生成绩使用百分制，则在录入成绩时不能录入字符，并且要在0~100 的范围内取值。

实现域完整性的方法主要有 CHCEK 约束、外键约束、默认约束、非空约束、规则及在建表时设置的数据类型等。

3. 参照完整性

参照完整性是指在有关联的两个或两个以上的表中，通过使用主键和外键或唯一键和外键之间的关系，使表中的键值在相关表中保持一致。引用完整性要求不能引用不存在的值，如果一个键值发生了变化，则在整个数据库中，对该键值和所有引用要进行一致的更改。例如，学生表中的学号发生了变化，则成绩表中的学号一定要随之发生变化，以保证成绩表中的学号在学生表的学号中存在。

在 SQL Server 2005 中，参照完整性通过外键约束和检查约束，以外键和主键之间或外键和唯一键之间的关系为基础。

4. 用户定义的完整性

用户定义的完整性是应用领域需要遵守的约束条件，其允许用户定义不属于其他任何完整性分类的特定业务规则。所有的完整性类型（包括 create table 中所有列级约束和表级约束、存储过程及触发器）都支持用户定义完整性。

4.3.2 约束的定义

约束是 SQL Server 提供的自动强制数据完整性的一种方法，它通过定义列的取值规则来维护数据的完整性。

SQL Server 2005 为用户提供的约束有 not null 约束、check 约束、unique 约束、prlmary key 约束、foreign key 约束和 default 约束等。

（1）primary key（主键）。

主键约束用来唯一标识表中某一行记录。在一般情况下，数据库中每个表有一个主键，这个主键可以是一列，也可以是几列的组合，有时候特意加入一个主键列以区分标识物，并无实际意义。

例如，在学生表中可以将"学号"设置为主键，也可以将"学号 + 姓名"的组合列设置为主键，用来区分每个学生。

（2）unique（唯一键）。

唯一约束用来强制数据值不能重复。同一个表可以有多个唯一约束列。

例如，在"课程"表中可以将"课程编号"作为主键列，用来保证记录的唯一性，而将"课程名称"列定义为唯一约束，以确保"课程名称"不出现重复值。

（3）not null（非空）。

非空约束用来强制数据列值不能为空。如果指定某列不能为空，则在添加记录时，必须为此列添加数据。

例如，在课程表中，每个"课程编号"都对应一个"课程名称"，这时就应该设置"课程名称"不能为空。

注意：定义了"主键"约束和"标识列"属性的列将自动设置为不允许为空，因此在输入记录时必须赋值。

（4）check（检查）。

检查约束用来强制数据取值在条件表达式的范围内。

例如，在一般情况下，学生成绩的取值范围在0~100之间，所以可以将成绩列设定为检查约束，使其取值在这个正常范围之内。

（5）default（默认）。

默认约束用来强制数据的默认取值。在录入或更新记录时，如果没有为设置为默认约束的列提供数值，那么系统会自动将默认值赋给该列。

例如，对于学生表中的"性别"列，可以设置其默认值为"男"，当输入记录时，对于性别为"男"的记录就可以不用输入性别数据，直接按回车键，这样系统就会自动输入默认值。

另外，可以将频繁使用的值设置为"默认"约束，这样可以加快数据录入的速度。

（6）foreign key（外建）。

外建是指一个表中的一列或列的组合，同时存在于两个表中，并且属性相同，它在一个表中是主键，在另一个表中不是该表的主键，那么就可以通过外键约束将这两个相关联的表建立联系，实现数据的参照完整性和一致性关系。

例如，成绩表中"学号"的取值必须是学生表中"学号"的列值之一，以保证该同学成绩的有效性和一致性。因此可以将成绩表中"学号"设置为学生表中"学号"的外键。

约束还可以分为列约束和表约束两类。当约束被定义为某个表的一列时称为列约束。定义为某个表的多列时称为表约束。当一个约束中必须包含一个以上的列时，必须使用表约束。

1. 创建主键约束

在表中能够唯一标识表中每一行数据的列称为表的主键，用于强制实现表的实体完整性。每个表中只能有一个主键，主键可以是一列，也可以是多列的组合，主键值必须唯一并且不能为空。对于多列组合的主键，列的组合值必须唯一。

【例4.12】 设置学生表的"学号"列为主键。

（1）使用 SQL Server Management Studio 工具设置主键。

在【对象资源管理器】窗口中，依次展开【数据库】节点、【student】节点及【表】节点，右键单击【学生表】，在弹出的快捷菜中选择【修改】，打开【表设计器】窗口。

在【表设计器】窗口中，右键单击目标列，在弹出的菜单中选择【设置主键】命令，如图4.8所示。如果要设置多个列的组合为主键，则可使用鼠标配合【Ctrl】或【Shift】键同时选择要设置的多个列。

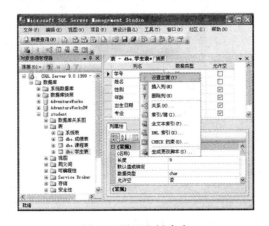

图4.8 设置主键命令

（2）使用 Transact-SQL 设置主键。

使用 Transact-SQL 语句的 create table 命令可以在创建表结构时直接设置主键约束，也可以使用 alter table 命令为已存在的表创建主键约束。

为表添加约束的语法格式如下：

alter table table_name

add

constraint constraint_name

primary key [clustered|nonclustered]

{(column[,…n])}

参数说明：

（1）constraint_name：主键约束名称。

（2）primary key：主键关键字。

（3）clustered：表示在该列上建立聚集索引。

（4）nonclustered：表示在该列上建立非聚集索引。

【例 4.13】 设置课程表的"课程编号"为主键。

在 SQL Server Management Studio 查询分析器窗口中运行如下命令：

alter table 课程表

add constraint pk_kcbh primary key(课程编号)

go

2. 创建唯一性约束

当表中存在主键时，为保证其他列值的唯一性，可以创建唯一性约束。

一个表中可以创建多个唯一约束；唯一约束可以是一列，也可以是多列的组合；在唯一约束列中，空值可以使用一次。

【例 4.14】 在"student"数据库中，设置课程表的"课程名称"列为唯一约束。

（1）使 SQL Server Management Studio 工具创建唯一约束。

① 在【对象资源管理器】窗口中，右键单击【课程表】，在弹出的菜单中单击【修改】选项，打开【表设计器】，在【表设计器】窗口中，右键单击任意列，在弹出的菜单中选择【索引 / 键】命令。

② 单击【添加】命令按钮，系统给出默认的唯一约束名"IX_ 课程表"显示在【选定的主 / 唯一或索引】列表框中，如图 4.9 所示。

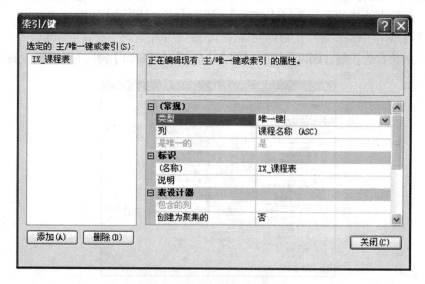

图4.9　管理【索引/键】窗口

③ 选中唯一约束名【IX_课程表】，设置【类型】为"唯一键"。

④ 单击【常规】下的【列】属性右侧的【 ... 】按钮，打开【索引列】对话框，如图 4.10 所示。在列名下拉列表框中选"课程名称"，在排序顺序中选择"升序"。

⑤ 单击【确定】按钮，回到【索引 / 键】界面，单击【关闭】按钮，完成唯一约束的创建。

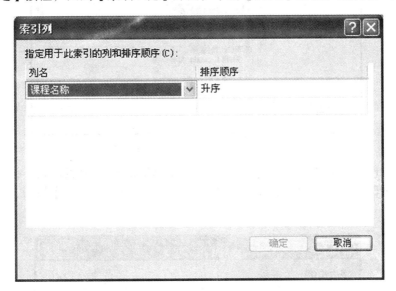

图4.10 设置【索引列】窗口

（2）使用 Transact-SQL 创建唯一约束。

语法格式：

alter table table_name

add

constraint constraint_name

unique [clustered|nonclustered]

{(column[,…n])}

参数说明：

unique：唯一约束关键字。

【例 4.15】 在"student"数据库中，为课程表的"课程名称"创建名为 uk_kcmc 的唯一键约束。

在 SQL Server Management Studio 查询分析器窗口中运行如下命令：

alter table 课程表

add constraint uk_kcmc unique nonclustered（课程名称）

go

3. 创建检查约束

检查约束对输入的列值设置检查条件，以保证输入数据的正确性，从而维护数据的域完整性。可以通过基于逻辑运算符返回 true 或 flase 的逻辑表达式创建 CHECK 约束。在一个表的一列上可以创建多个检查约束，检查数据的正确性依据检查约束创建的时间顺序来完成。

【例 4.16】 在"student"数据库中，为学生表的"出生日期"创建一个名称为 ck_csrq 的检查约束，以保证输入的日期在 1990 年 1 月 1 日和 1995 年 12 月 31 日之间。

（1）使用 SQL Server Management Studio 工具创建检查约束。

① 右键单击【学生表】，在弹出的菜单中单击【修改】选项，打开【表设计器】窗口。在【表设计器】窗口中，右键单击任意列，在弹出的菜单中选择【CHECK 约束】，进入【CHECK 约束】设置页面。

② 单击【添加】命令按钮，系统自动生成名为"CK_学生表"的 CHECK 约束，如图 4.11 所示。

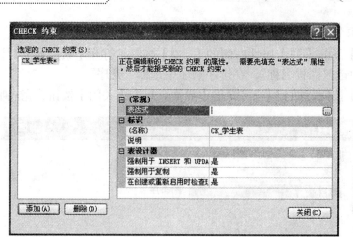

图4.11 创建【CHECK约束】页面

③ 单击【表达式】文本框中的【 ... 】按钮，进入【CHECK 约束表达式】设置界面，输入"出生日期 between '1990.1.1' and '1995.12.31'"，如图 4.12 所示。单击【确定】按钮，完成约束条件的设置并返回。

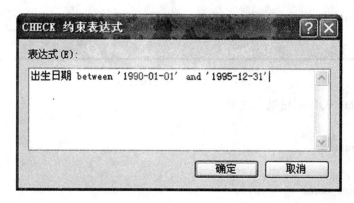

图4.12 设置【CHECK约束表达式】窗口

④ 在【名称】对话框中，将"CK_学生表"修改为"ck_csrq"，点击【关闭】按钮完成 CHECK 约束的创建。

（2）使用 Transact-SQL 为已存在的表创建检查约束。

语法格式：

alter table table_name

add constraint constraint_name

check (logical_expression)

参数说明：

（1）check：检查约束关键字。

（2）logical_expression：是检查约束的条件表达式。

【例4.17】 在"student"数据库中，创建检查约束 ck_xb，使其只接收"男"或"女"值。

在 SQL Server Management Studio 查询分析器窗口中运行如下命令：

alter table 学生表

add constraint ck_xb check(性别 =' 男 ' or 性别 =' 女 ')

go

4. 创建默认约束

用户在输入数据时，如果没有给列赋值，那么该列的默认约束将为该列指定默认值。

【例4.18】 在"student"数据库中，设置学生表的"性别"的默认值为"男"。

（1）使用 SQL Server Management Studio 工具创建默认约束。

右键单击【学生表】，在弹出的菜单中选择【修改】选项，打开【表设计器】窗口。单击【性别】列，在【列属性】的【默认值或绑定】文本框中输入默认值"男"，如图 4.13 所示。

图4.13　默认值设置界面

（2）使用 Transact-SQL 为已存在的表创建默认约束。

语法格式：

alter table table_name

add constraint constraint_name

default constant_expression [for column.name]

参数说明：

（1）default：默认约束关键字。

（2）constant_expression：默认值。

（3）column_name：建立默认约束的列名。

【例 4.19】在"student"数据库的学生表中，插入"通讯地址"列，并将其设置为 df_txdz 的默认约束，默认值为"牡丹江市西安区"。

在 SQL Server Management Studio 查询分析器窗口中运行如下命令：

alter table 学生表

add 通讯地址 varchar(30) not null

alter table 学生表

add constraint df_txdz default ' 牡丹江市西安区 ' for 通讯地址

go

5. 创建外键约束

外键约束主要用来维护两个表之间的一致性关系。外键的建立是将一个表（主键表）的主键列包含在另一个表（外键表）中，这些列就是主键表的外键。在外键表中插入或更新外键的值时，其取值必须存在于主键表的主键值中，这就保证了两个表中相关数据的一致性。注意：要先在主键表中设置好主键（或唯一键），才能在外键表中建立与之具有数据一致性关系的外建。

在创建外键时，外键约束列的数据类型和长度必须与主键所在列的数据类型和长度保持一致，或者可以由 SQL Server 自动转换一致，但列名可以不同。

【例 4.20】在"student"数据库中，将成绩表的"学号"创建为学生表的"学号"外键约束，以保证在成绩表中输入有效的"学号"。

（1）使用 SQL Server Management Studio 工具创建外键约束。

①在【对象资源管理器】窗口中，打开"student"数据库的【表】节点。

②右键单击【成绩表】，在弹出的菜单中选择【修改】选项，打开【表设计器】。右键单击【表设计器】中的任意列，选择【关系】选项，打开【外键关系】页面。

③单击【添加】按钮添加外键约束。单击【表和列规范】的文本框右侧的【▦】按钮，打开【表和列】设置窗口。

④在【主键表】下拉列表中选择【学生表】，设置【学号】为主健；选择【外键表】下【成绩表】的【学号】为外建，如图 4.14 所示。单击【确定】按钮，返回【外键关系】页面，单击【关闭】按钮，完成外键约束的创建。

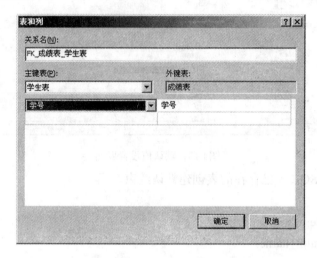

图4.14　设置主外键表和主外键窗口

（2）使用 Transact-SQL 创建外键约束。

语法格式：

alter table table_name

add constraint constraint_name

[foreign key] {(column.name[,…])}

references ref_table [(ref_column_name[,…])]}

参数说明：

（1）foreignkey references：外键关键字。

（2）ref_table：主键表名称。

（3）ref_column_name：主键表的主键列名称。

【例 4.21】　为成绩表的"课程编号"创建名为"fk_ 成绩表 _ 课程表"的外键，使成绩表中的"课程编号"均为课程表中开设的课程编号。

在 SQL Server Management Studio 查询分析器窗口中运行如下命令：

alter table 成绩表

add constraint fk_ 成绩表 _ 课程表 foreign key（课程编号）references 课程表（课程编号）

go

（3）使用"关系图"创建外键。

在 SQL Server 中，允许用户使用【关系图】以一种图形化的方式来管理和使用数据库的表、列、索引、约束等。

【例 4.22】　使用"关系图"的方法完成例 4.21。

①展开【student】节点，右键单击【数据库关系图】，在弹出的菜单中选择【新建数据库关系图】，

在弹出的【添加表】窗口中，选中【课程表】和【成绩表】并单击【添加】按钮，如图4.15所示。

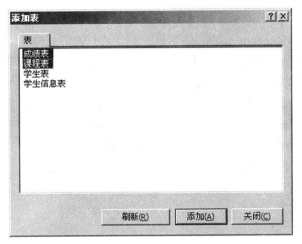

图4.15 【添加表】窗口

②点击【关闭】按钮，关闭【添加表】窗口，同时进入【关系图】工作界面，如图4.16所示。

图4.16 【关系图】工作界面

③ 将鼠标放在"课程表"的"课程编号"前黄色钥匙图标上，按住鼠标左键并拖至"成绩表"中，当鼠标变成"+"时，放开鼠标左键，系统将自动启动【表和列】窗口，分别设置好主外键后，点击【确定】按钮，完成外键的创建，如图 4.17 所示。

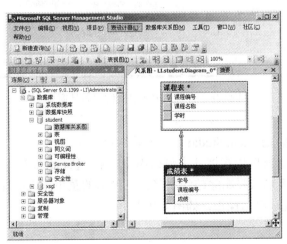

图4.17 设置成绩表"课程编号"为课程表"课程编号"的外键

4.3.3 查看和删除约束

1. 查看约束的定义

（1）使用 SQL Server Management Studio 工具查看约束信息。

① 选择表的名称，展开【列】节点、【键】节点及【约束】节点，可看到已经创建的约束名称，双击该约束名称，即可进入编辑界面对约束进行编辑。

② 在【表设计器】页面，可查看主键约束、空值约束和默认值约束等信息。

③ 在【表设计器】页面中，右键单击任意列，在弹出的菜单中选择查看约束的类型并进入相关页面。在此可以查看相关约束的信息并对其进行管理和修改。

（2）使用系统存储过程查看约束信息。

可以通过系统存储过程 sp_help 来查看约束的"名称"、"创建者"、"类型"和"创建时间"等信息。

语法格式为：

[exec[ute]] sp_help 约束名称

可以使用 sp_helptext 来查看约束的文本信息。

语法格式为：

[exec[ute]] sp_helptext 约束名称

【例 4.23】　使用系统存储过程查看"学生表"上的 ck_xb 约束信息。

在 SQL Server Management Studio 查询分析器窗口中运行如下命令：

exec sp_help ck_xb

exec sp_helptext ck_xb

go

运行结果如图 4.18 所示。

图4.18　查看约束信息及约束条件窗口

2. 删除约束

(1) 使用 SQL Server Management Studio 工具删除约束。

在【对象资源管理器】窗口依次展开【数据库】节点、【student】节点、【表】节点、【学生表】节点及【约束】节点，右键单击要删除的约束名，在弹出的菜单中选择【删除】，进入【删除对象】页面，单击【确定】按钮完成删除操作，如图 4.19 所示。

图4.19 约束的删除

也可以在【表设计器】窗口中，右键单击任意列，在弹出的菜单中选择要删除的约束类型，进入【约束设置】页面，选中要删除的约束名，单击【删除】按钮，完成删除约束操作。

(2) 使用 drop 命令删除表约束。

删除一个或多个约束的语法格式：

alter table table_name

drop constraint constraint_name [,... n]

【例4.24】 删除学生表中名为 "ck_xb" 的检查约束。

在 SQL Server Management Studio 查询分析器窗口中运行如下命令：

alter table 学生表

drop constraint ck_xb

go

❖❖❖ 4.3.4 标识列

identity（标识列）是表的一个列，该列的值由系统按照设定规律自动为新添加记录中的该列设置一个唯一的行序列号。在一个表中只能有一个 identity 列，并且其值是由系统提供的不重复的值，因此可以用它来实现数据的实体完整性。

identity 列的数据类型可以是任何整数类型，也可以是 decimal 或 numeric 数据类型，但是使用这样的数据类型时，不允许出现小数。

identity 列有两个参数：标识种子和标识增量。标识种子是标识列的起始值，标识增量是每次增加的值。例如，设置种子值为1，增量为2，则该列的值依次为1，3，5，7，…。

1. 使用 SQL Server Management Studio 工具创建 identity 列

【例4.25】 在 "student" 数据库中，为学生表增加一个 "序号" 列，并将设置为标识列，其中种子值为100，增量为1。

（1）在【对象资源管理器】窗口中，右键单击【学生表】，在弹出的菜单中选择【修改】选项，打开【表设计器】窗口。

（2）右键单击【学号】，在弹出的菜单中选择【插入列】，输入列名为 "序号"，数据类型为 "int"，允许空值为 "否"。

（3）在【表设计器】窗口中，展开【标识规范】属性，设置【是标识】属性值为 "是"，分别设置【标识种子】值为 "100"，设置【标识增量】值为 "1"。

（4）保存并退出 "学生表"，完成操作。

2. 使用 Transact-SQL 创建 identity 列

使用 Transact-SQL 语言的 create table 和 alter table 命令可以创建 identity 列。

语法格式：

identity [(标识种子 , 标识增量)]

【例 4.26】　在成绩表中，插入"流水号"列，并将其设置为主键和 identity 列，其中初始种子值为 1，增量也为 1。

在 SQL Server Management Studio 查询分析器窗口中运行如下命令：

alter table 成绩表

add 流水号 int identity(1,1) primary key

go

❖∵ 4.3.5 默认值

默认（也称默认值）是一种数据库对象，它与 default（默认）约束的作用相同。当向绑定了默认对象的表输入记录时，如果没有为该列输入数值，系统将自动取默认值作为该列的输入值。

默认对象的使用包括默认的创建、绑定、解绑和删除操作。

1. 创建默认值

语法格式：

create default default_ame as default_description

参数说明：

（1）default_name：指默认值名称，其必须符合 SQL Server 的标识符命名规则。

（2）default_description：是常量表达式，可以包含常量、内置函数或数学表达式。

【例 4.27】　创建一个名为"df_xs"，值为"60"的默认值。

在 SQL Server Management Studio 查询分析器窗口中运行如下命令：

create default df_xs

as 60

go

2. 绑定默认值

默认值对象建立以后，必须将其绑定到表的列上才能发挥作用，而且可以绑定到多列上。在 SQL Server Management Studio 查询编辑器窗口中使用系统存储过程来完成默认值的绑定。

语法格式：

【exec[ute] 】sp_bindefault ' 默认名称 ',' 表名 . 列名 '

【例 4.28】　将创建的"df_xs"默认值绑定到课程表的"学时"列。

在 SQL Server Management Studio 查询分析器窗口中运行如下命令：

exec sp_bindefault 'df_xs',' 课程表 . 学时 '

go

运行结果如图 4.20 所示。

图4.20　创建并绑定df_xs默认值

默认值被"绑定"后，可通过【表设计器】的【默认值或绑定】的属性来查看。

3. 解绑默认值

不需要使用默认值做默认输入时，可以使用 sp_unbindefault 系统存储过程来解除其与列的绑定。

语法格式：

【exe[cute]】sp_unbindefault ' 表名 . 列名 '

【例 4.29】 解除课程表中"学时"列绑定的默认值。

在 SQL Server Management Studio 查询分析器窗口中运行如下命令：

exec sp_unbindefault ' 课程表 . 学时 '

go

运行结果如图 4.21 所示。

图4.21　查看绑定的df_xs默认值

4. 删除默认值

默认值不需要时，可以将其删除。删除默认值之前，必须将其从表中解绑，然后才能删除。

语法格式：

drop default default_name [,… n]

【例 4.30】 从"student"数据库中删除 df_xs 默认值。

在 SQL Server Management Studio 查询分析器窗口中运行如下命令：

drop default df_xs

go

注：默认值与 default 约束不同的是默认对象的定义独立于表，定义一次就可以被多次应用于任意表中的一列或多列，用户也可以自定义数据类型。

❖❖❖❖ 4.3.6 规则

规则是一种数据库对象，它的作用与 check 约束相同，用来限制输入值的取值范围，实现数据的完整性。规则的使用方法与默认值相同，包括规则的创建、绑定、解绑和删除操作。

1. 创建规则

规则在使用之前必须先要被创建。创建规则的命令是 create rule。

语法格式：

create rule rule_name AS condition_expression

参数说明：

（1）rule_name：规则对象的名称。

（2）condition_expression：条件表达式。

条件表达式是定义规则的条件，规则可以是 where 子句任何有效的表达式，并且可以包括诸如算术运算符、关系运算符和 in，like，between 等关键字命令；条件表达式包括一个变量；每个局部变量的前面都有一个 @ 符号；该表达式引用通过 update 或 insert 语句输入的值。在创建规则时，可以使用任何名称或符号表示值，但第一个字符必须是 @ 符号。

【例 4.31】 创建一个 rule_score 规则，用于限制输入的数据范围为 0~100。

在 SQL Server Management Studio 查询分析器窗口中运行如下命令：

```
create rule rule_score
as
@score between 0 and 100
go
```

【例 4.32】 创建一个 rule_xb_ 规则，用于限制输入的数据只能是"男"或"女"。

在 SQL Server Management Studio 查询分析器窗口中运行如下命令：

```
create rule rule_xb
as
@sex in(' 男 ',' 女 ')
go
```

2. 绑定规则

规则必须与列绑定后才能发挥作用。可以使用 xp_bindrule 系统存储过程将规则绑定到列上。

语法格式：

【exec[ute]】sp_bindrule ' 规则名称 ',' 表名 . 列名 '

【例 4.33】 将 rule_score 绑定到"成绩表"的"成绩"列上，以保证该列只能接收 0~100 范围内的数据值。

在 SQL Server Management Studio 查询分析器窗口中运行如下命令：

```
exec sp_bindrule 'rule_score',' 成绩表 . 成绩 '
go
```

代码执行后，系统提示【已将规则绑定到表的列】，表明绑定完成。

3. 解绑规则

如果列不再需要对其输入的数据进行限制，就应该将规则从该列上去掉，即解绑规则。使用 sp_unbindrule 存储过程能够完成此操作。

语法格式：

【exec[ute]】sp_unbindrule ' 表名 . 列名 '

【例 4.34】 解除成绩表中成绩列绑定的 rule_score 规则。

在 SQL Server Management Studio 查询分析器窗口中运行如下命令：

```
exec sp_unbindrule ' 成绩表 . 成绩 '
go
```

4. 删除规则

如果规则没有了存在的价值，就可以将其删除。在删除规则之前，应先对规则解绑，当规则不再应用于任何表时，可以使用 drop rule 语句将其删除。drop pule 一次可以删除一个或多个规则。

删除规则的语法格式为：

drop rule 规则名称［,… n］

【例 4.35】 从"student"数据库中删除 rule_score 规则。

在 SQL Server Management Studio 查询分析器窗口中运行如下命令：

```
drop rule rule_score
go
```

注：规则需要单独创建，而且只有绑定到列上才能发挥作用；在一个列上只能应用一个规则，但可以应用多个 check 约束。一个规则只需定义一次就可以被多次应用，也可以应用于多个表或多个列，而 check 约束只能应用于一列。

项目 4.4 表数据的操作 ▎

数据的操作主要包括数据表中数据的添加、修改、删除和查询，本节主要介绍数据的添加、修改和删除，查询将在模块 5 中重点介绍。

4.4.1 插入记录

数据库用表来存储和管理数据。一个表创建完成后，并不包含任何记录，必须向表中添加数据，才能实现数据的存储。

1. 使用 SQL Server Management Studio 工具向表中添加数据

【例 4.36】 将表 4.4 中的数据添加到学生表中。

表 4.4　学生表数据

学号	姓名	性别	年龄	出生日期	专业
105110105	李华	男	19	1993-3-5	计算机
105110121	周新	男	20	1992-10-12	计算机
105110303	王文娟	女	19	1993-6-21	电子商务
105110307	孙浩	男	20	1992-12-25	电子商务
105110612	于丽娟	女	18	1994-1-9	会计
105110618	张丹	女	20	1992-10-30	会计

在【对象资源管理器】窗口中，右键单击【学生表】，在弹出的菜单中选择【打开表】选项，打开【查询设计器】窗口。在【查询设计器】窗口的表中输入表 4.4 中的数据，也可以在此界面中修改和删除已经输入的数据。

2. 使用 insert values 语句添加数据

使用 insert values 语句可以将一条新的记录添加到一个已经存在的表中。

语法格式如下：

insert [into] table_name(column_list)

values

（{expression}[,…n]）

参数说明：

（1）into：可选关键字，用在 insert 和目标表之间。

（2）table_name：将要接收数据的表或 table 变量的名称。

（3）colunm_list：要在其中插入数据的一列或多列的列表，必须用圆括号将其括起来，并且列间以逗号进行分隔。

（4）values：用于引用要插入的数据值列表。colunm_list（如果已指定）中或表中的每个列都必须有一个数据值，必须用圆括号将值列表括起来，如果 values 列表中的值与表中列的顺序不相同，或未包含表中所有列的值，那么必须使用 column_list 明确地指定存储每个传入值的列。

（5）expression：是一个常量、变量或表达式，若是表达式，则不能包含 select 或 execute 语句。

【例4.37】 用 insert 语句向学生表中添加新数据："105110155"，"李梦华"，"男"，"19"，"1993.9.15"，"计算机"。

在 SQL Server Management Studio 查询分析器窗口中运行如下命令：

use student

go

insert into 学生表（学号，姓名，性别，年龄，出生日期，专业）

values ('105110155', ' 李梦华 ', ' 男 ',19, '1993.9.15', ' 计算机 ')

go

使用 insert values 添加数据时，表名括号中的列清单可以省略，但省略后，values 后括号中的值的顺序和数量一定要与表的实际位置和数量保持一致。

3. 使用 insert select from 添加数据

使用 insert select from 语句，可以向已存在的并且和原表具有相同结构的表中添加数据。

【例 4.38】 新建学生信息表，结构与学生表一致，将学生表中数据插入到学生信息表中。

在 SQL Server Management Studio 查询分析器窗口中运行如下命令：

use student

go

insert into 学生信息表

select 学号，姓名，性别，年龄，出生日期，专业

from 学生表

go

4.4.2 查看记录

1. 使用 SQL Server Management Studio 工具查看记录

【例 4.39】 使用 SQL Server Management Studio 工具查看学生表中的记录。

在【对象资源管理器】窗口中，右键单击【学生表】，在弹出的菜单中选择【打开表】选项，打开【表查询分析器】窗口。在【表查询分析器】的表中查看学生表中的数据。查询结果如图 4.22 所示。

图4.22 【表查询分析器】窗口查看表记录

2. 使用 Transact-SQL 的 select 命令实现对表中数据的查询

select 命令查询表记录语法格式：

select *　from table_name

【例 4.40】 使用 Transact-SQL 查看学生表中的记录。

在 SQL Server Management Studio 查询分析器窗口中运行如下命令：

use student

go

select * from 学生表

go

运行结果如图 4.23 所示。

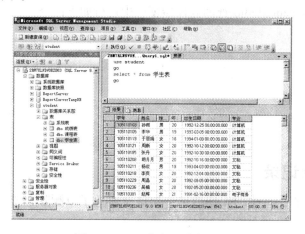

图4.23　select命令查看表记录

4.4.3 修改记录

在数据库实际运行过程中，有些数据会发生变化，这时就需要对表中的数据及时进行修改和更新。修改表中的数据既可以使用【表查询分析器】的图形界面，也可以通过编辑 Transact-SQL 语句来完成。

1.使用【表查询分析器】的图形界面修改记录

使用【表查询分析器】的图形界面操作起来比较简单，在【表查询分析器】界面中，直接修改数据，然后将其保存并退出即可。

2.使用 Transact-SQL 的 update 命令实现对表中数据的修改

语法格式：

update table_name

set

{columns_name={expression|default|null}

}[,…n]

[from {<table_source>}[,…n]]

[where <search_condition>]

参数说明：

（1）set：用于指定要修改的列或变量名称的列表。

（2）colunms_name: 含有要修改数据的列的名称。

（3）expression|default|null: 列值表达式。

注：当没有 where 子句指定修改条件时，则表中所有记录的指定列被修改。若修改的数据来自另一个表，则需要 from 子句指定一个数据来源表。

【例 4.41】 将课程表中"英语听说"的学时改为 60 学时。

在 SQL Server Management Studio 查询分析器窗口中运行如下命令：

use student

```
go
update 课程表
set 学时 =60
where 课程名称 =' 英语听说 '
go
```

【例 4.42】 在学生表中，将学号为 105110105 的学生年龄更新为 25。

在 SQL Server Management Studio 查询分析器窗口中运行如下命令：

```
use student
go
update 学生表
set 年龄 =25
where 学号 ='105110105'
go
```

4.4.4 删除记录

对数据库系统运行过程中产生的无用数据，应该及时地予以删除，避免过多地占用空间和影响查询的速度。

1. 使用 SQL Server Management Studio 工具删除数据

（1）在【对象资源管理器】中，依次展开【数据库】节点及【student】节点。

（2）右键单击要删除数据的表名，选择【打开表】命令，进入【查询设计器】界面，右键单击选中要删除的记录，在弹出的菜单中选择【删除】命令。

（3）保存并退出，完成删除数据的操作。

2. 使用 delete 删除数据

从表中删除数据，最常用的是 delete 语句。

delete 语句的语法格式如下：

```
delete table_name
[from {<table_source>}[,…n]]
[where
{<search_condition>}
]
<table_source>::= table_name [[as] table_alias][,…n]]
```

参数说明：

（1）table_name：要从中删除行的表的名称。

（2）from <table_source>：指定附加的 from 的子句。

（3）table_name [[as] table_alias]：为删除操作提供标准的表名。

（4）where：指定用于限制删除行的限定条件。如果没有提供 where 子句，则删除表中所有行。

（5）search_condition：指定删除行的限定条件。对搜索条件中可以包含的谓词数量没有限制。

【例 4.43】 删除学生信息表中"男"学生的记录。

在 SQL Server Management Studio 查询分析器窗口中运行如下命令：

```
use student
go
delete from 学生信息表 where 性别 =' 男 '
go
```

【例 4.44】 删除学生信息表中所有的记录。

在 SQL Server Management Studio 查询分析器窗口中运行如下命令：

```
use student
go
delete from 学生信息表
go
```

3. 使用 truncate table 删除数据

使用 truncate table 语句可以快速清空表的所有记录。其语法格式为：

```
truncate table table_name
```

参数说明：

（1）truncate table：清空表记录关键字。

（2）table_name：要删除所有记录的表的名称。

【例 4.45】 使用 truncate table 语句删除学生信息表中的所有记录。

在 SQL Server Management Studio 查询分析器窗口中运行如下命令：

```
truncate table 学生信息表
go
```

使用 truncate table 语句清空表格要比 delete 语句速度快，因为 truncate table 操作不被记录日志，它将释放由表的数据和索引所占据的所有空间及所有为全部索引分配的页，删除的数据是不可恢复的。而 delete 语句则不同，它在删除每一行记录时都要把删除操作记录在日志中，可以通过事务回滚来恢复删除的数据。

用 truncate table 和 delete 都可以删除所有的记录，但是表结构还在。要删除表结构和所有的记录可以使用 drop table，表被删除后将释放表所占用的空间。

重点串联 ▶▶▶

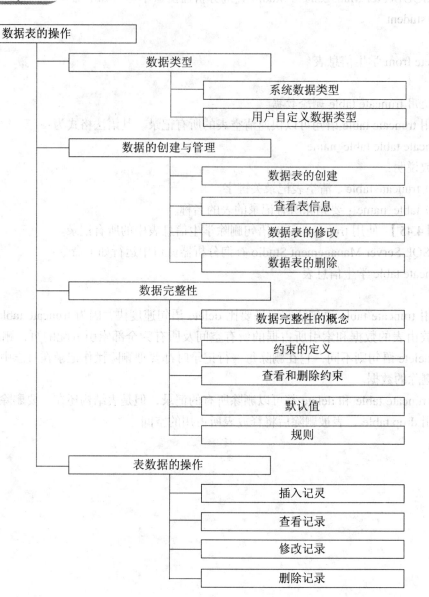

拓展与实训

▶ 基础训练

一、填空题

1. 创建表一般要经_____、_____和_____三步，其中设置约束可以在定义表结构时建立，也可以在表结构定义完成之后再添加。

2. 在给表插入数据时，_____列是由系统根据用户定义规律自动为新添加的记录设置一个唯一的行序列号，而不需用户手工输入值。

3. _____是一种数据对象，它与default约束的作用相同，并且定义一次就可以被多次应用于任意表中的一列或多列。

4. 规则是一种数据对象，它的作用与_____约束相同，用来限制输入值的取值范围。规则的使用包括创建、_____、_____、删除等操作。

二、选择题

1. 成绩表中的成绩列用于存放学生某门课程的考试成绩，其取值范围为0~100，且不保留小数，那么可以使用（　　）数据类型最节省空间。

    A．int　　　　　　　　B．smallint　　　　　　　C．tinyint　　　　　　　D．decimal(3,0)

2. 实现数据参照完整性，可以用（　　）约束。

    A．primary key　　　　　　　　　　B．check

    C．foreign key　　　　　　　　　　D．unique & not null

3. 假设学生表中包含"学号"主键列，现执行如下更新语句：

    update 学生 set 学号 ='105110613' where 年龄 =19

    执行结果可能是（　　）。

    A．更新了多行数据　　　　　　　　B．没有数据更新

    C．Transact-SQL 语法错误　　　　　D．错误，主键列不允许更新

4. 要删除表成绩表中的数据，使用如下代码：truncate table 成绩表，运行结果是（　　）。

    A．成绩表中的约束依然存在

    B．成绩表被删除

    C．成绩表中的数据被删除了一半

    D．成绩表中不符合检查约束的数据被删除，符合检查约束要求的数据保留

5. 在以下Transact-SQL 语句中，使用 insert 命令添加数据，若需要添加一批数据，应使用（　　）语句。

    A．insert … values　　　　　　　　B．insert … select

    C．insert …default　　　　　　　　D．以上均正确

三、简答题

1. 简述 uncate table 与 delete 语句的区别。

2. 什么是数据的完整性？数据的完整性分为哪几类？

▶ 技能实训

技能训练 1：数据表的建立、修改和删除。

请根据注释完成下面填空。

1. 创建 "stu_info" 表。

```
_____ _____stu_info                        --创建 stu_info
(ID char(9) not null_____,                    --主键
 name varchar(8) not null,
sex char(2) not null_____ (' 男 '),           --默认为 ' 男 '
 age tinyint null,
birthday _____null                            --日期时间型
)
go
```

2. 创建 "stu_score" 表。

```
_____ _____stu_score                       --创建 stu_score
(id int_____（1,1）,                           --创建标识列，初始值为 1，增量为 1
coursename char(20) not null,
score tinyint not null
)
go
```

3. 在 stu_info 表中增加 "address" 列，类型为 varchar，长度为 30。

4. 删除 stu_info 表中的 "age" 列。

5. 修改 stu_score 表中 "coursename" 的类型为 varchar，长度为 30。

技能训练 2：数据的完整性操作。

1. 设置 stu_info 表中 "name" 列为唯一约束。

2. 设置 stu_score 表中 "score" 的取值在 0~100 之间。

3. 设置 stu_score 表中的 "code" 列为 stu_info 表中 "number" 列的外键，外键名称为 "fk_score_inf"。

4. 创建名为 "rule_sex"，并且只能接收 "男" 或 "女" 值的规则，并绑定到 stu_info 表中的 "sex" 列。

5. 创建名为 "def_address" 的，值为 "牡丹江市西安区" 默认值，并绑定到 "address" 列。

6. 解除 "sex" 列绑定的规则，并删除 "rule_sex" 规则。

技能训练 3：使用 Transact-SQL 语言插入、修改和删除表中数据。

1. 向 "stu_info" 表（表 4.8）中插入数据。

表 4.8　stu_info 表记录

ID	name	sex	age	birthday
105110104	李晓华	女	19	1993-5-5
105110106	李志薪	男	20	1992-1-1
105110403	张娟	女	19	1993-1-20
105110301	孙浩	男	20	1992-2-19

2. 向"stu_score"表（表4.9）中插入如下记录。

表 4.9 stu_score 表记录

ID	coursename	score
105110104	李晓华	91
105110106	李志薪	86
105110403	张娟	75
105110301	孙浩	55

3. 将 sut_score 表中 score 小于 60 分的值更新为"不及格"。

4. 删除"stu_info"表中 age 小于"20"的记录。

5. 清空"stu_info"表中的所有记录。

6. 删除"stu_info"表和"stu_score"表。

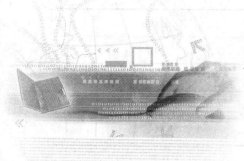

模块5

数据查询

教学聚焦

Transact-SQL 语句是操纵数据库最基本、最重要的方式，像查询、统计数据库中的信息、数据库对象的管理等都离不开 SQL 语句。数据查询是数据库中应用最广泛的功能，是 SQL 语句中的重点语句，语句结构灵活、功能丰富。

知识目标

◆ 掌握 SELECT 基本查询

◆ 掌握条件查询操作

◆ 掌握排序查询操作

◆ 掌握分组查询操作

◆ 掌握计算查询操作

◆ 掌握连接查询操作

◆ 掌握嵌套查询操作

技能目标

◆ 了解多种查询方法，学会各种查询操作，能对数据表中的数据进行正确搜索

课时建议

12 学时

课堂随笔

SQL 即 Structured Query Language（结构式查询语言），是用于对存放在计算机数据库中的数据进行组织、管理和检索的一种工具。用户想要检索数据库中的数据时，就通过 SQL 语言发出请求，DBMS（数据库管理系统）对该请求进行处理并检索需要的数据，最后将检索结果返回给用户，此过程通常被称为数据库查询。SQL 语言的特点如下：

（1）SQL 是一种数据库子语言，SQL 语句可以被嵌入到另一种语言中，从而使其具有数据库存取功能。SQL 没有用于条件测试的 if 语句，也没有用于程序分支的 goto 语句以及循环语句 for 或 do。

（2）SQL 不是严格的结构式语言，它的句法更接近英语语句，易于理解，大多数 SQL 语句都是直述其意，读起来就像自然语言一样明了。

（3）SQL 是一种交互式查询语言，允许用户直接查询存储数据，利用这一交互特性，用户可以在很短的时间内回答相当复杂的问题。

（4）SQL 是高级的非过程化编程语言，允许用户在高层数据结构上工作。由于它不要求用户指定对数据的存放方法，也不需要用户了解具体的数据存放方式，所有具有完全不同底层结构的不同数据库系统可以使用相同的 SQL 语言作为数据输入与管理的接口。它以记录集合作为操纵对象，所有 SQL 语句接受集合作为输入，返回集合作为输出，这种集合特性允许一条 SQL 语句的输出作为另一条 SQL 语句的输入，所以 SQL 语言可以嵌套，这使它具有极大的灵活性和强大的功能。在多数情况下，其他语言中需要一大段程序实现的一个单独事件只需要一个 SQL 语句就可以达到目的。

SQL 语言包含以下四个部分：

（1）数据定义（DDL）语言。

数据定义语言用来定义和管理数据库、数据表和视图等数据对象，如 create, drop，alter 语句。

（2）数据操纵（DML）语言。

数据操作语言用于操作数据库中的数据，可以在数据表中添加、修改和删除行纪录，如 insert，update，delete 语句。

（3）数据查询（DQL）语言。

数据查询语言也称为数据检索语句，用于从数据表中查询数据，如 select 语句。

（4）数据控制（DCL）语言。

数据控制语言用于控制对数据库对象操作的权限，它的语句通过 grant 或 revoke 获得许可，确定单个用户和用户组对数据库对象的访问。

项目 5.1 select 查询 ⫴

在对数据库"student"中的数据进行操作以前，必须先使用 use 命令打开该数据库。

在 SQL Server Management Studio 查询分析器窗口中输入如下命令，并单击【执行】按钮运行。

use student

go

5.1.1 select 语句

select 语句是 SQL 语言中最重要、运用频率最高的语句。select 语句主要用来对数据进行查询，根据客户端的要求从表中选取数据，结果被存储在一个结果表中（称为结果集）。select 语句也可以用来为局部变量赋值。

select 语句的基本语法格式：

select < 选择列表 >

[from <table_name|view__name[,...n]>]

选择列表可以包含多个列字段或表达式，用逗号间隔，用来指定查询所显示的内容；表达式可以是列名、函数或常量；选择列表中包含字段时，必须带 from 子句，该子句中表的列表可以是多个数据表或视图，用来提供查询内容所在的数据源。

1. 使用列名对指定列查询

【例5.1】 显示学生表中学生的姓名和年龄信息。

在 SQL Server Management Studio 查询分析器窗口中运行如下命令：

```
use student
go
select 姓名 , 年龄
from 学生表
go
```

运行结果如图 5.1 所示。

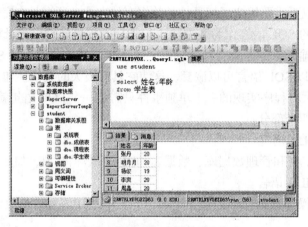

图5.1　使用列名对指定列查询

2. 使用星号（*）对所有列查询

在显示列表中使用星号（*），可从指定数据表或视图中查询并返回表或视图中的所有列内容。

【例5.2】 显示学生表中学生的所有信息。

在 SQL Server Management Studio 查询分析器窗口中运行如下命令：

```
use student
go
select *
from 学生表
go
```

运行结果如图 5.2 所示。

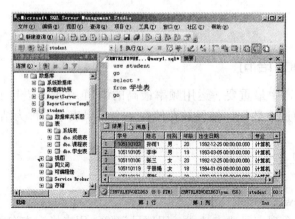

图5.2　使用"*"号对所有列查询

∴∴∴ 5.1.2 使用 distinct 消除重复值

执行 SQL 语句进行查询时，在查询结果中可能有相同的数据行，如需把相同的行显示为一行，需要使用 distinct 关键字来消除重复值。

【例 5.3】 显示学生表中学生的专业，要求消除重复内容。

在 SQL Server Management Studio 查询分析器窗口中运行如下命令：

```
use student
go
select 专业
from 学生表
go
select distinct 专业
from 学生表
go
```

运行结果如图 5.3 所示。

在使用 distinct 关键字的查询语句执行结果中，每个专业只显示一次；而在没使用 distinct 关键字的查询语句执行结果中，每条记录中的专业均显示一次。

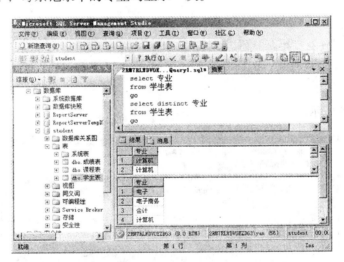

图5.3 使用distinct关键字消除重复值

∴∴∴ 5.1.3 top n [percent] 的使用

使用 top n 关键字可以从指定数据表或视图中查询并返回前 n 行的数据。

使用 top n percent 关键字可以查询并返回前 n% 行的数据，此时 n 必须在 0~100 之间。若查询中包含 order by 排序子句，要先对数据按关键字进行排序，然后从排序结果中查询并返回前 n 行或前 n% 行数据。

【例 5.4】 显示学生表中学生的姓名和年龄，要求只显示前 6 行数据。

在 SQL Server Management Studio 查询分析器窗口中运行如下命令：

```
use student
go
select top 6 姓名, 年龄
from 学生表
```

go

运行结果如图 5.4 所示。

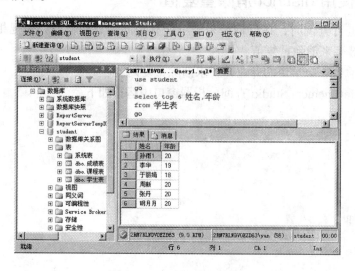

图5.4 使用top n关键字查询

在 SQL Server Management Studio 查询分析器窗口中运行如下命令：

use student

go

select top 6 percent 姓名，年龄

from 学生表

go

运行结果如图 5.5 所示。

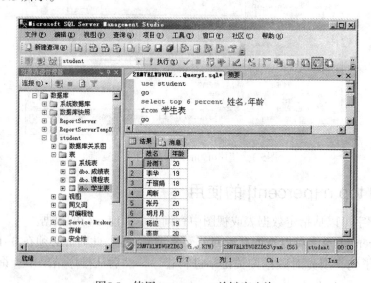

图5.5 使用top n percent关键字查询

❖❖❖ 5.1.4 查询中列的操作

在通常情况下，执行 SQL 语句进行查询时，显示查询结果的列标题即为数据表或视图中的列名称。如需更改显示结果中的列标题，主要有以下三种方法：

（1）'列标题 '= 列名称：列标题和列名称之间用 "=" 连接。

（2）列名称 '列标题 '：列名称和列标题之间用空格间隔。

（3）列名称 as '列标题'：列名称和列标题之间用"as"连接。

【例5.5】 显示学生表中学生的姓名、年龄和性别，以"name"，"age"和"sex"作为显示列名。

在 SQL Server Management Studio 查询分析器窗口中运行如下命令：

（1）采用第一种方法：'列标题'= 列名称。

```
use student
go
select 'name'= 姓名 ,'age'= 年龄 ,'sex'= 性别
from 学生表
go
```

（2）采用第二种方法：列名称 '列标题'。

```
use student
go
select 姓名 'name', 年龄 'age', 性别 'sex'
from 学生表
go
```

（3）采用第三种方法：列名称 as '列标题'。

```
use student
go
select 姓名 as 'name', 年龄 as 'age', 性别 as 'sex'
from 学生表
go
```

运行结果如图 5.6 所示。

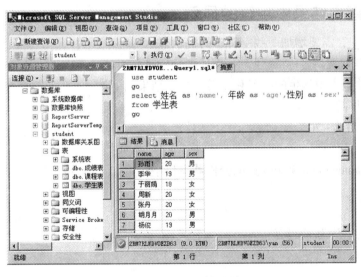

图5.6 使用列别名查询

5.1.5 聚合函数的使用

在查询过程中可以指定要查询的列表或表达式，表达式可以是列名、字符串或函数。

聚合函数也称为统计函数，它对一组值进行计算并返回计算结果，经常用在 select 查询语句中。

常用的聚合函数有：sum（求和）、max（最大值）、min（最小值）、count（计数）、avg（求平均值）等。

【例5.6】 查询学生表中学生的最大年龄、最小年龄和平均年龄。

在 SQL Server Management Studio 查询分析器窗口中运行如下命令：

use student

go

select max(年龄) as ' 最大年龄 ',min(年龄) as ' 最小年龄 ',avg(年龄) as ' 平均年龄 '

from 学生表

go

运行结果如图 5.7 所示。

图5.7   查询中使用聚合函数

5.1.6 查询结果中字符的显示

在一些查询结果中，需要增加一些字符串的提示显示。

语法格式：' 字符串 '，列名称

【例 5.7】 显示学生表中学生的姓名和年龄，显示结果如下：

姓名   年龄

孙雨   该生年龄为：20

……   ……

在 SQL Server Management Studio 查询分析器窗口中运行如下命令：

use student

go

select 姓名 ,' 该生年龄为：', 年龄

from 学生表

go

运行结果如图 5.8 所示。

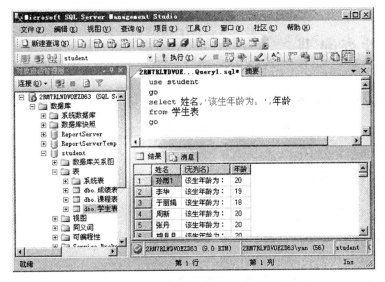

图5.8 查询结果中显示字符串

❖❖❖❖ 5.1.7 查询中表别名的使用

在数据库中会使用简要的、具有一定意义的别名作为数据表的名称。数据表名和表别名之间用空格间隔。

语法格式：表名 表别名

【例5.8】 显示学生表中学生的姓名、性别和年龄。

在 SQL Server Management Studio 查询分析器窗口中运行如下命令：

use student

go

select 姓名 , 性别 , 年龄

from 学生表 a

go

运行结果如图 5.9 所示。

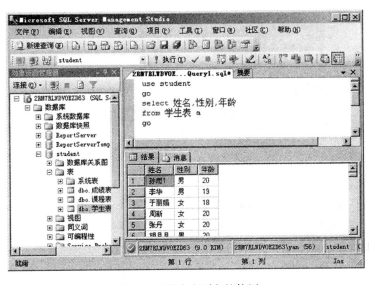

图5.9 查询中表别名的使用

项目 5.2 条件查询

5.2.1 where 子句

where 子句用来指定逻辑表达式，返回表达式为真的数据行。使用 where 子句可以限制查询的范围，定义的条件可以是一个或多个。

语法格式：where < 条件表达式 >

1. 比较运算符的使用

常用的比较运算符有：=（等于）、>（大于）、<（小于）、>=（大于等于）、<=（小于等于）、<>（不等于）、!=（不等于）、!>（不大于）、!<（不小于）。

【例 5.9】 查询学生表中姓名为"孙雨"的学生的姓名和年龄。

在 SQL Server Management Studio 查询分析器窗口中运行如下命令：

```
use student
go
select 姓名 , 年龄
from 学生表
where 姓名 =' 孙雨 '
go
```

运行结果如图 5.10 所示。

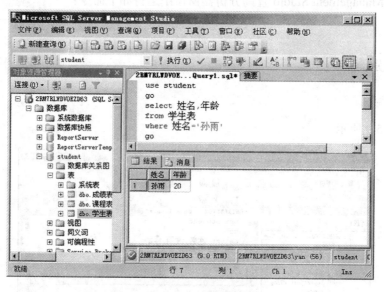

图5.10 where条件查询中比较运算符的使用

2. 逻辑运算符的使用

常用的逻辑运算符：and（与），or（或）及 not（非）。

【例 5.10】 查询学生表中年龄小于 20 岁的男学生姓名和年龄。

在 SQL Server Management Studio 查询分析器窗口中运行如下命令：

```
use student
go
select 姓名 , 年龄
from 学生表
```

where 性别 =' 男 ' and 年龄 <20

go

运行结果如图 5.11 所示。

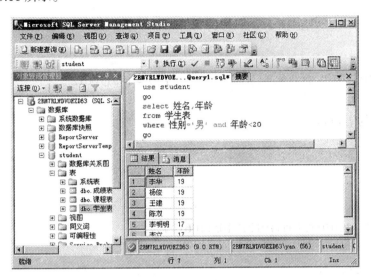

图5.11　where条件查询中逻辑运算符的使用

【例5.11】　查询学生表中专业为"会计"或年龄大于 20 岁的学生姓名、专业和年龄。

在 SQL Server Management Studio 查询分析器窗口中运行如下命令：

use student

go

select 姓名 , 专业， 年龄

from 学生表

where 专业 =' 会计 ' or 年龄 >20

go

运行结果如图 5.12 所示。

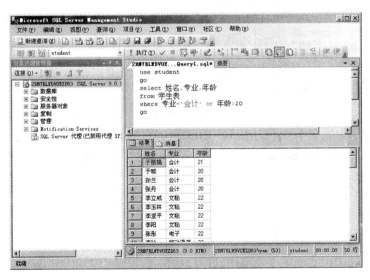

图5.12　where条件查询中逻辑运算符的使用

5.2.2 使用 in 关键字查询

在查询中使用 in 关键字比使用多个逻辑运算符更简单，易于理解。

【例5.12】　查询学生表中学号为105110105，105110121，105110612 的学生姓名和年龄。

在 SQL Server Management Studio 查询分析器窗口中运行如下命令：

use student

go

select 姓名 , 年龄

from 学生表

where 学号 ='105110105' or 学号 ='105110121' or 学号 ='105110612'

go

使用 in 关键字的语句如下：

use student

go

select 姓名 , 年龄

from 学生表

where 学号 in('105110105','105110121','105110612')

go

运行结果如图 5.13 所示。

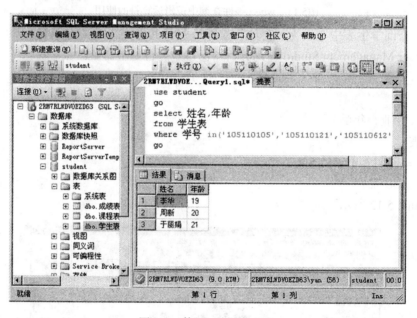

图5.13　使用in关键字查询

【例5.13】　查询学生表中学号不为105110105，105110121，105110612 的学生姓名和年龄。

在 SQL Server Management Studio 查询分析器窗口中运行如下命令：

use student

go

select 姓名 , 年龄

from 学生表

where 学号 !='105110105' and 学号 !='105110121' and 学号 !='105110612'

go

使用 not in 关键字的语句如下：

use student

go

select 姓名 , 年龄

from 学生表

where 学号 not in('105110105' ,'105110121','105110612')

go

运行结果如图 5.14 所示。

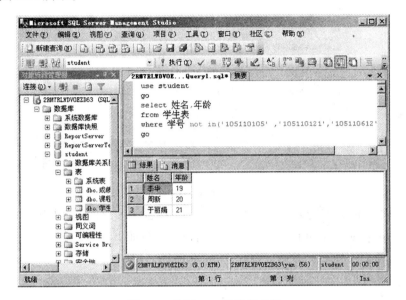

图5.14　使用not in关键字查询

5.2.3 使用 between 关键字查询

between 用来指定一个查询范围，between 经常和 and 一起使用。

【例 5.14】　查询学生表中年龄在 18~20（包含 18 和 20）岁之间的学生姓名和年龄。

在 SQL Server Management Studio 查询分析器窗口中运行如下命令：

use student

go

select 姓名 , 年龄

from 学生表

where 年龄 >=18 and 年龄 <=20

go

使用 between 关键字的语句如下：

use student

go

select 姓名 , 年龄

from 学生表

where 年龄 between 18 and 20

go

运行结果如图 5.15 所示。

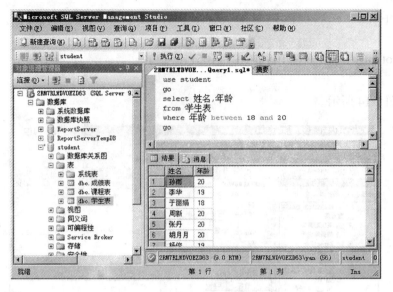

图5.15　使用between关键字查询

【例 5.15】 查询学生表中年龄不在 18~20（包含 18 和 20）岁之间的学生姓名和年龄。

在 SQL Server Management Studio 查询分析器窗口中运行如下命令：

use student

go

select 姓名 , 年龄

from 学生表

where 年龄 not between 18 and 20

go

5.2.4 使用 like 关键字查询

like 关键字是一个匹配运算符，用来查询与指定的某些字符相匹配的数据。字符串表达式由通配符和字符串构成，通配符和字符串必须放在单引号内。

常用通配符有：

（1）% ：百分号通配符，用来匹配任意多个（包含 0 个）字符。

（2）_ ：下划线通配符，用来匹配任意单个字符。

（3）[ ] ：排列通配符，用来匹配在通配符范围或集合内的单个字符。格式如 [a,b,c] 或 [a-c]。

（4）[^] ：用来匹配不在通配符范围或集合内的单个字符。格式如 [^abc] 或 [^a-c]。

【例 5.16】 查询学生表中"李"姓学生的姓名和性别。

在 SQL Server Management Studio 查询分析器窗口中运行如下命令：

use student

go

select 姓名 , 性别

from 学生表

where 姓名 like ' 李 %'

go

运行结果如图 5.16 所示。

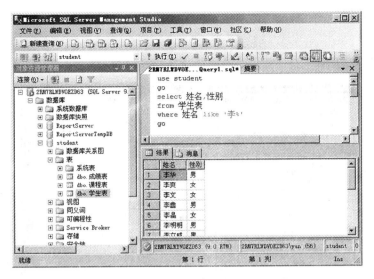

图5.16 like关键字查询中"%"的使用

【例5.17】 查询学生表中"李"某的姓名和性别。

在 SQL Server Management Studio 查询分析器窗口中运行如下命令:

use student

go

select 姓名,性别

from 学生表

where 姓名 like '李 _'

go

运行结果如图 5.17 所示。

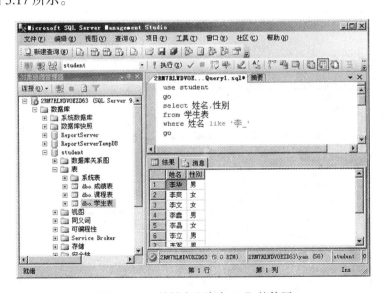

图5.17 like关键字查询中"_"的使用

【例5.18】 查询学生表中"李"姓和"张"姓同学的学生姓名和性别。

在 SQL Server Management Studio 查询分析器窗口中运行如下命令:

use student

go

select 姓名,性别

from 学生表

where 姓名 like '[李 , 张]%'

go

运行结果如图 5.18 所示。

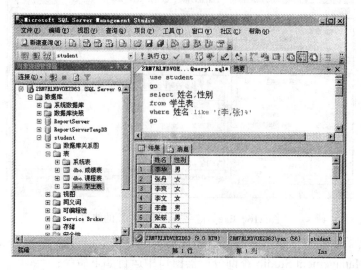

图5.18　like关键字查询中"[ ]"的使用

【**例 5.19**】 查询学生表中不包含"李"姓同学的学生姓名和性别。

在 SQL Server Management Studio 查询分析器窗口中运行如下命令：

use student

go

select 姓名 , 性别

from 学生表

where 姓名 like '[^ 李]%'

go

运行结果如图 5.19 所示。

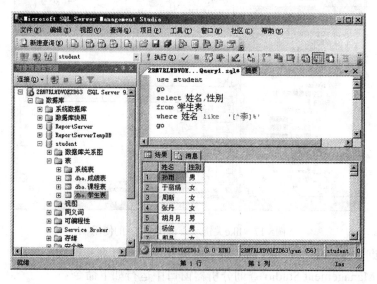

图5.19　like关键字查询中"[^]"的使用

5.2.5 使用 is null 关键字查询

【**例 5.20**】 使用 is null 关键字查询学生表中没有填报专业的学生姓名和专业。

在 SQL Server Management Studio 查询分析器窗口中运行如下命令：

use student

go

select 姓名 , 专业

from 学生表

where 专业 is null

go

运行结果如图 5.20 所示。

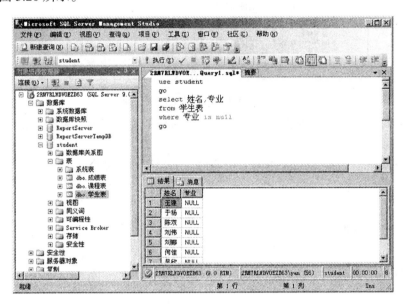

图5.20　is null关键字查询

项目 5.3 排序查询

在 selcect 查询中，可以使用 order by 子句对查询结果进行排序。asc 关键字表示升序，desc 关键字表示降序，省略 asc 或 desc 关键字，系统默认为升序。order by 子句中可以指定多个排序关键字段。order by 子句要写在 where 条件子句的后面。

语法格式：

order by [关键字段 1][, 关键字段 2][, ... n]

【例 5.21】 查询学生表中学生姓名和年龄，查询结果按年龄升序显示。

在 SQL Server Management Studio 查询分析器窗口中运行如下命令：

use student

go

select 姓名 , 年龄

from 学生表

order by 年龄 asc

go

运行结果如图 5.21 所示。

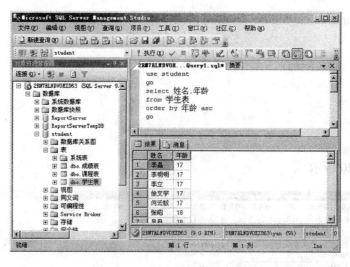

图5.21　order by关键字排序查询

【例 5.22】 查询学生表中学生的学号、姓名、性别和年龄，查询结果按性别降序排列，性别相同的按学号升序排列。

在 SQL Server Management Studio 查询分析器窗口中运行如下命令：

use student

go

select 学号 , 姓名 , 性别 , 年龄

from 学生表

order by 性别 desc, 学号 asc

go

运行结果如图 5.22 所示。

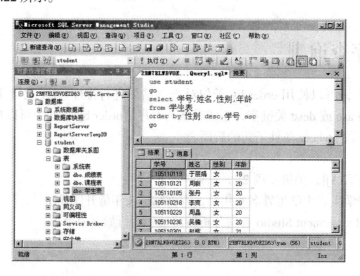

图5.22　使用order by主次关键字排序

项目5.4 分组查询 ‖

∷∷∷5.4.1 使用 group by 子句分组查询

在 selcect 查询语句中包含聚合函数时，可以使用 group by 子句按指定的列字段进行分组，

selcect 查询选择列表中出现的列，必须包含在聚合函数或 group by 子句中。group by 子句写在 where 子句的后面。

【例 5.23 】 按专业分别查询学生表中每个专业的学生人数。

在 SQL Server Management Studio 查询分析器窗口中运行如下命令：

use student

go

select 专业 ,count(专业)

from 学生表

group by 专业

go

运行结果如图 5.23 所示。

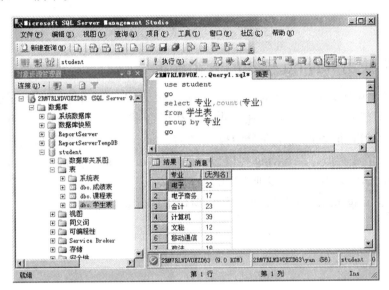

图5.23　group by子句分组查询

【例 5.24 】 group by 子句在查询中的错误运用。

selcect 查询选择列表中出现的列，没有包含在聚合函数或 group by 子句中，如姓名字段。

在 SQL Server Management Studio 查询分析器窗口中运行如下命令：

use student

go

select 姓名 ,专业 ,count(专业)

from 学生表

group by 专业

go

运行结果如图 5.24 所示。

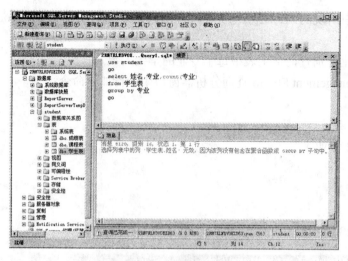

图5.24　group by关键字错误查询

❖❖❖❖ 5.4.2 使用 having 子句的分组查询

在 selcect 查询子句中，having 子句用来指定组或聚合的查询条件。having 通常与 group by 子句一起使用，而且只能将 having 子句应用于也出现在聚合函数或 group by 子句中的列。使用 group by 子句时，where 子句查询条件应用在分组操作之前，having 子句查询条件应用在分组操作之后。having 语法与 where 语法类似，但 having 可以包含聚合函数。group by 子句写在 having 子句的前面。

【例 5.25】 查询学生表中计算机专业学生的平均年龄。

在 SQL Server Management Studio 查询分析器窗口中运行如下命令：

use student

go

select 专业 ,avg(年龄)

from 学生表

group by 专业

having 专业 ='计算机 '

go

运行结果如图 5.25 所示。

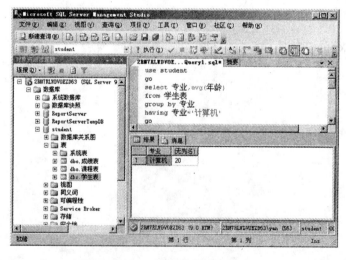

图5.25　having子句的分组查询（1）

使用 where 子句的语句如下：

use student

go

select 专业 ,avg（年龄）

from 学生表

where 专业 =' 计算机 '

group by 专业

go

【例 5.26】 查询学生表中学生人数大于 20 的专业名称和该专业学生的平均年龄。

在 SQL Server Management Studio 查询分析器窗口中运行如下命令：

use student

go

select 专业 ,avg(年龄)

from 学生表

group by 专业

having count(学号)>20

go

运行结果如图 5.26 所示。

图5.26　having子句的分组查询（2）

项目 5.5 计算查询

5.5.1 compute 子句

compute 子句用来计算总计或分组小计。compute 所生成的汇总值在查询结果中显示为单独的结果集。选择列表中必须包含 compute 子句中的计算列，也可包含其他列字段或表达式。

聚合函数在compute 子句中指定，而不是在选择列表中指定。compute 子句写在 where 条件子句的后面。

【例 5.27】 查询学生表中计算机专业学生的姓名、性别和平均年龄。

在 SQL Server Management Studio 查询分析器窗口中运行如下命令：

use student

go

select 姓名 , 性别 , 年龄

from 学生表

where 专业 =' 计算机 '

compute avg(年龄)

go

运行结果如图 5.27 所示。

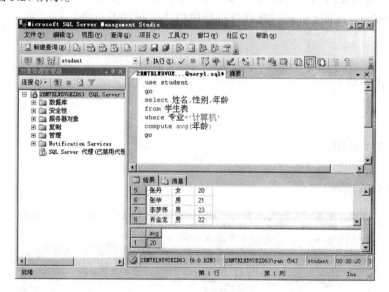

图5.27　compute子句查询

5.5.2 compute by 子句

当与 by 一起使用时，compute 子句在结果集内生成控制中断和分类汇总。compute by 中列出的列字段必须出现在选择列表中，必须使用 order by 子句，且 compute by 中的列必须是 order by 列表的全部或者前边的连续几个。compute 省略了 by，则 order by 也可以省略。compute by 子句中包含多个列字段时，会将一个组（第一个列字段分的组）分成若干个子组（利用后面的列字段），并对每个子组进行统计。compute by 子句中也可以使用多个统计函数。compute by 子句写在 order by 子句的后面。

【例 5.28】　查询学生表中学生的姓名、专业和年龄，并按专业分别计算每个专业的平均年龄。

在 SQL Server Management Studio 查询分析器窗口中运行如下命令：

use student

go

select 姓名 , 专业 , 年龄

from 学生表

order by 专业

compute avg(年龄) by 专业

go

运行结果如图 5.28 所示。

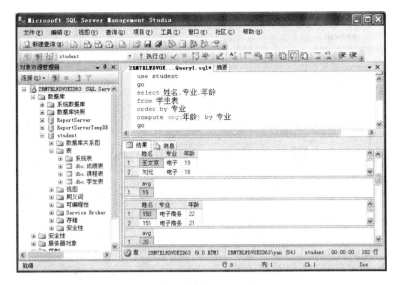

图5.28　compute by子句查询

项目 5.6 连接查询

数据表的连接是指在一个 SQL 语句中通过表与表之间的关联，从一个或多个表检索出相关的数据。连接是通过 SQL 语句中 from 从句的多个表名，以及 where 子句中定义的表之间的连接条件来实现的。

当一个 SQL 语句的关联表超过两个时，连接的顺序是先连接其中的两个表，产生一个结果集，然后将产生的结果集与下一个表再进行关联，直到所有的表都连接完成，最后产生所需的数据。连接的列要显示两次。

5.6.1 等值和不等值连接

1. 相等连接

通过两个表中具有相同意义的列，可以建立相等连接条件。只有连接列上在两个表中都出现且值相等的行才会出现在查询结果中。

【例 5.29】 显示学生表和成绩表中所有信息。

在 SQL Server Management Studio 查询分析器窗口中运行如下命令：

use student

go

select *

from 学生表 , 成绩表

where 学生表 . 学号 = 成绩表 . 学号

go

运行结果如图 5.29 所示。

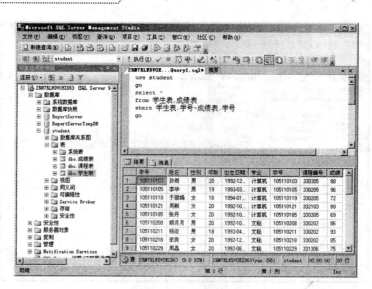

图5.29　相等连接查询

2. 不等值连接

两个表中相关的两列进行不等连接时,连接条件使用除等号以外的比较运算符,如 >、<、>=、<=、!= 等来比较被连接的列值。

【例 5.30】 显示学生表和成绩中所有学号不相等的内容。

在 SQL Server Management Studio 查询分析器窗口中运行如下命令:

use student

go

select *

from 学生表,成绩表

where 学生表.学号 != 成绩表.学号

go

运行结果如图 5.30 所示。

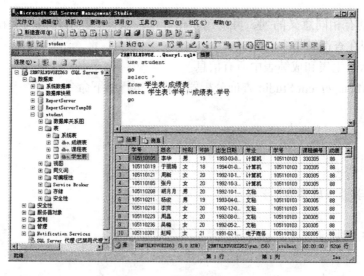

图5.30　不等值连接查询

5.6.2 自然连接

自然连接是一种特殊的等值连接,在连接运算当中,一种最常用的连接就是自然连接。自然连接要求在两个关系中进行比较的分量必须是相同的属性组，使用选择列表指定查询结果集中所包括的列，在连接条件中使用等号（=）运算符比较被连接列的值，并删除连接表中的重复列。等值连接并不去掉重复的属性列。

【例 5.31】显示学生表和成绩中所有信息，连接列只显示一次。

在 SQL Server Management Studio 查询分析器窗口中运行如下命令：

use student

go

select 学生表.*, 课程编号, 成绩

from 学生表, 成绩表

where 学生表.学号 = 成绩表.学号

go

运行结果如图 5.31 所示。

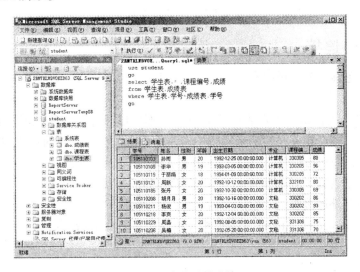

图5.31 自然连接查询

5.6.3 自连接

自连接中用来连接的两个表为同一个表，就是将一张表看成多张表来做连接。

【例 5-32】查询学生表中和学号为"105110105"学生同专业的学生姓名、性别和年龄。

在 SQL Server Management Studio 查询分析器窗口中运行如下命令：

use student

go

select a.姓名, a.性别, a.年龄

from 学生表 a, 学生表 b

where a.专业 =b.专业 and a.学号 !='105110105' and b.学号 ='105110105'

go

运行结果如图 5.32 所示。

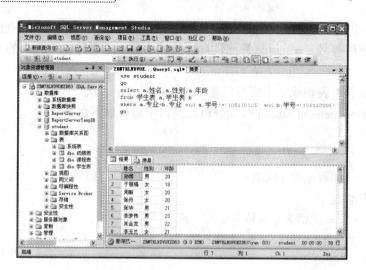

图5.32   自连接查询

5.6.4 外连接

外连接分为左外连接、右外链接和全外连接。

1. 左外连接

左外连接的结果集包括指定的左表的所有行，而不仅仅是连接列所匹配的行。如果左表的某行在右表中没有匹配行，则在相关联的结果集行中右表的所有选择列表中的列值均为空值。

在 from 子句中指定左外连接时，可以由 left join 或 left outer join 关键字指定。

语法格式：from 左表名 left join|left ouier join 右表名 on 连接条件

【例5.33】   使用左外连接查询学生的姓名、专业和成绩。

在 SQL Server Management Studio 查询分析器窗口中运行如下命令：

use student

go

select 学生表.姓名,学生表.专业,成绩表.成绩

from 学生表 left join 成绩表

on 学生表.学号 = 成绩表.学号

go

运行结果如图 5.33 所示。

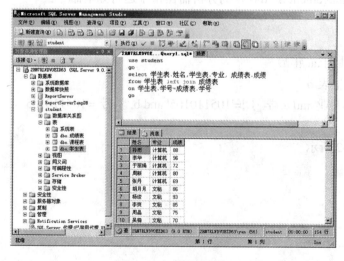

图5.33   左外连接查询

2. 右外连接

右外连接是左外连接的反向连接，将返回右表的所有行。如果右表的某行在左表中没有匹配行，则将为左表返回空值。

在 from 子句中指定左外连接时，可以由 right join 或 right outer join 关键字指定。

语法格式：from 左表名 right join|right outer join 右表名 on 连接条件

【例 5.34】 使用右外连接查询学生的姓名、专业和成绩。

在 SQL Server Management Studio 查询分析器窗口中运行如下命令：

```
use student
go
select 学生表 . 姓名 , 学生表 . 专业 , 成绩表 . 成绩
from 学生表 right join 成绩表
on 学生表 . 学号 = 成绩表 . 学号
go
```

运行结果如图 5.34 所示。

图5.34 右外连接查询

3. 全外连接

全外连接返回左表和右表中的所有行。当某行在另一个表中没有匹配行时，则另一个表的选择列表中的列值包含空值。

在 from 子句中指定全外连接时，可以由 full join 或 full outer join 关键字指定。

语法格式：from 左表名 full join|full outer join 右表名 on 连接条件

【例 5.35】 使用全外连接查询学生的姓名、专业和成绩。

在 SQL Server Management Studio 查询分析器窗口中运行如下命令：

```
use student
go
select 学生表 . 姓名 , 学生表 . 专业 , 成绩表 . 成绩
from 学生表 full join 成绩表
on 学生表 . 学号 = 成绩表 . 学号
go
```

运行结果如图 5.35 所示。

图5.35   全外连接查询

项目 5.7   嵌套查询

在一个 select 语句的 where 子句或 having 子句中嵌套另一个 select 语句的查询称为嵌套查询，也称为子查询。一个 select 语句的查询结果可以作为另一个语句的输入值，即在一个外层查询中包含另一个内层查询，其中外层查询称为主查询，内层查询称为子查询。

SQL 允许多层嵌套，由内而外地进行分析，子查询的结果作为主查询的查询条件，子查询中一般不使用 order by 子句，只能对最终查询结果进行排序。主查询与子查询之间用比较运算符 > 、>= 、< 、<= 、= 、! = 、<> 等进行连接。

语法格式：

select < 选择列表 >

from<table_name|view_name,...>

where|having< 含 select 语句的条件表达式 >

【例 5.36】   查询学生表中年龄大于平均年龄的所有学生的姓名和性别。

在 SQL Server Management Studio 查询分析器窗口中运行如下命令：

use student

go

select 姓名 , 性别

from 学生表

where 年龄 >(select avg(年龄) from 学生表)

go

运行结果如图 5.36 所示。

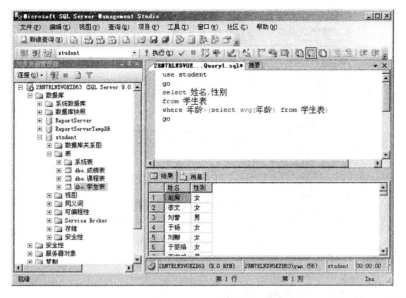

图5.36　嵌套查询

项目 5.8　exists 关键字查询

使用 exists 关键字引入一个子查询时，就相当于进行一次存在测试，外层查询的 where 子句（即内层查询）用来测试子查询返回的行是否存在。子查询实际上不产生任何数据，它只返回 true 或 false 值。

exists 关键字前面没有列名、常量或其他表达式。由 exists 关键字引入的子查询的选择列表通常都是由星号 (*) 组成。由于只是测试是否存在符合子查询中指定条件的行，所以不必列出列名。

尽管一些使用 exists 表示的查询不能以任何其他方法表示，但所有使用 in 或由 any 或 all 修改的比较运算符的查询都可以通过 exists 表示。若用 in，则每一次扫描都需要扫描完表中所有的数据。而当 exists 遇到指定条件的行时会返回 true，然后就不继续扫描表下面的数据了。

使用 exists 引入的子查询语法格式：

where [not]exists（select 子查询语句）

【例 5.37】　若学生表中姓名为"zhangsan"的学生存在，则显示其姓名和性别。

在 SQL Server Management Studio 查询分析器窗口中运行如下命令：

use student

go

select 姓名 , 性别

from 学生表

where exists(select * from 学生表 where 姓名 = 'zhangsan')

go

运行结果如图 5.37 所示。

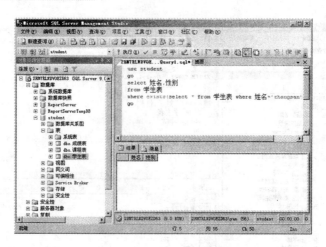

图5.37　exists关键字查询

项目 5.9　union 运算符查询 ‖‖

union 运算符用来将两个或多个 select 查询结果合并显示。在使用 union 运算符时有 union 和 union all 两种方法。union 在合并结果集后消除重复项，而 unin all 指定在合并结果集后保留重复项；union 附带一个排序的操作，需要把相同的记录合并掉，而 union all 不排序。

使用 union 运算符时，要求所有查询中列数和列顺序必须相同，且查询中按顺序对应的数据类型必须兼容。

【例 5.38】　从成绩表中查询课程编号，从课程表中查询课程名称。

在 SQL Server Management Studio 查询分析器窗口中运行如下命令：

```
use student
go
select 课程编号
from 成绩表
union
select 课程名称
from 课程表
go
```

运行结果如图 5.38 所示。

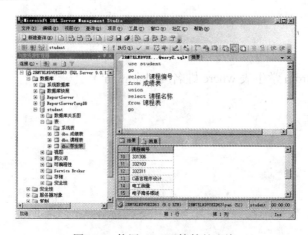

图5.38　使用union运算符的查询

重点串联 ▶▶▶

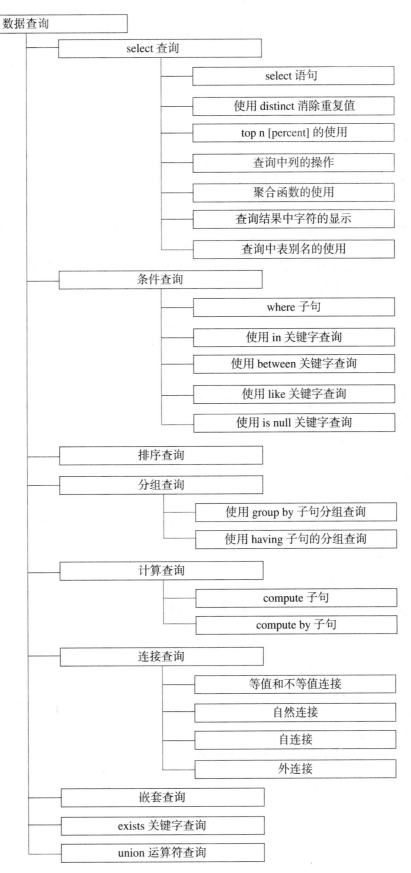

拓展与实训

▶ 基础训练

一、填空题

（1）SQL 语言包含_____、_____、_____和_____四种。

（2）SQL Server 中用来实现查询的命令是_____。

（3）SQL Server 中_____子句可以实现有条件的查询。

（4）compute by 中列出的列字段必须出现在选择列表中，且必须使用_____子句。

（5）_____运算符用来将两个或多个 select 查询结果合并显示。

（6）将_____关键字引入一个子查询时，就相当于进行一次存在测试，外层查询的 where 子句（即内层查询）用来测试子查询返回的行是否存在。

▶ 技能实训

技能训练：数据查询练习。

（1）查询学生表中学生的学号、姓名和性别。

select _____

from _____

（2）查询学生表中学生的姓名、性别和年龄，要求只显示前三行数据。

select _____ 姓名，性别，年龄

from _____

（3）查询学生表中学生的学号、姓名和出生日期，以"ID"，"name"和"birthday"作为显示列名。

select 学号 as _____ , 姓名 as_____ , 出生日期 as _____

from _____

（4）查询成绩表中学生的成绩最高分、最低分和平均分。

select _____

from _____

（5）查询学生表中年龄大于 20 的学生的姓名和专业。

select _____

from _____

where _____

（6）查询学生表中计算机专业的男学生姓名。

select _____

from _____

where _____

（7）查询学生表中计算机、会计和电子专业的学生姓名和年龄。（分别用 or 和 in 关键字实现）

select _____

from _____

where _____

或

select _____

from _____

where _____

（8）查询学生表中王某的姓名、性别和年龄。

select _____

from _____

where _____

（9）查询学生表中学生姓名、性别和年龄，查询结果按性别降序显示。

select _____

from _____

order by _____

（10）按性别分别查询学生表中男、女生的人数。

select _____

from _____

order by _____

（11）查询成绩表中学生的平均成绩。

select _____

from _____

compute _____

（12）按性别分别查询学生表中男女学生的姓名和平均年龄。

select _____

from _____

order by _____

compute _____ by _____

（13）查询学生的姓名、专业和成绩。

select _____

from _____

where _____

（14）查询性别为女的会计专业学生的学号、姓名和成绩。

select _____

from _____

where _____

（15）查询成绩表中成绩高于平均分的学生的学号和成绩。

select _____

from _____

where 成绩 >( )

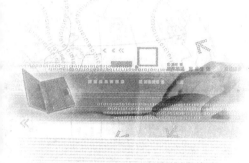

模块6

索　引

教学聚焦

　　索引是以表中列字段为基础的数据库对象，可以实现表中数据的逻辑排序，能提高 SQL Server 系统性能，加快数据的查询速度，减少系统的响应时间。

知识目标

◆ 了解索引的意义

◆ 掌握索引的分类

◆ 掌握索引的创建和管理

技能目标

◆ 掌握索引的创建和管理

课时建议

　　4 学时

课堂随笔

项目 6.1 索引的分类及作用 ‖

索引是提高数据库性能的常用方法。它能够提供指针以指向存储在表中指定列的数据，然后根据指定的排列次序排列这些指针。数据库的索引类似于书籍中的目录，在一本书中，利用目录可以快速查找所需信息，无需阅读整本书。在数据库中，索引允许数据库程序迅速找到表中的数据，而不必扫描整个数据库。

6.1.1 索引的分类

1. 索引简介

我们都有过查字典的经历吧，在查找一个字的时候，首先会按照拼音或部首查字法的查找规则到相应目录中找到对应汉字所在的页码，再根据指定的页码查找到所需要的汉字。在数据库中，索引的使用和查字典的过程很相似：通过搜索索引找到特定的值，然后跟随指针到达包含该值的行，如图6.1 所示。

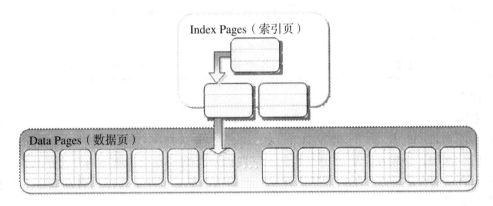

图6.1　索引示意图

索引是 SQL Server 编排数据的内部方法，为 SQL Server 提供一种编排查询数据的路径。在数据库中，索引和数据一样，也是按页来进行存放。存放索引的数据页称为索引页，大小为 8 KB，索引页类似于新华字典中按拼音或部首排序的目录页。

2. 索引的分类

在 SQL Server 数据库中，包含两种最基本的索引：聚集索引和非聚集索引。此外，还有唯一索引、视图索引、全文索引、XML 索引等。

（1）聚集索引。

聚集索引也称为簇索引或簇集索引。在聚集索引中，表中各行的物理顺序和键值的逻辑（索引）顺序相同。聚集索引会对表的物理页按照列进行排序，然后再重新存储到磁盘上。由于聚集索引对表中的数据一一进行了排序，因此使用聚集索引查找速度很快，但这种把表中所有数据重新排序，所需要的存储空间也会很大。

由于表的数据行只能以一种方式存储在磁盘上，因此一个表只能包含一个聚集索引。例如，新华字典默认按照拼音排序编排字典中每页的页码。拼音字母 a，b，c，d，e，…，x，y，z 就是索引的逻辑顺序，而真正存放汉字的页码1，2，3，4等就是物理顺序。在新华字典中，逻辑顺序和物理顺序是一致的，即拼音顺序靠前的字对应的页码也比较小。如拼音"bai"对应的字的页码就比拼音"dai"对应的字的页码靠前。

在 SQL Server 中，如果该表尚未创建聚集索引，并且在创建 primary key 约束时未指定非聚集索引，系统会自动在 primary key 键上创建聚集索引。聚集索引改变了数据的物理排序方式，应该在创建任何非聚集索引前创建聚集索引。

（2）非聚集索引。

非聚集索引也称为非簇索引或非簇集索引。非聚集索引具有与表的数据行完全分离的结构，表中各行的物理顺序与键值的逻辑顺序不匹配。例如，按笔画排序的索引就是非聚集索引，"1"画的字对应的页码可能比"2"画的字对应的页码要靠后。由于非聚集索引不会改变数据行的物理存储顺序，因此一个表可以有多个非聚集索引。

非聚集索引使用索引页存储，数据存储在一个位置，索引存储在另一个位置，索引中包含指向数据存储位置的指针，检索效率比较低。但一个表只能建立一个聚集索引，当需要建立多个索引时，就需要使用非聚集索引了。从理论上讲，一个表最多可以创建 249 个非聚集索引。

聚集索引和非聚集索引的区别很大，比较结果见表 6.1。

表 6.1　聚集索引和非聚集索引的比较

聚集索引	非聚集索引
一张表中只能有一个	一张表中可以有多个，最多 249 个
表中各行的物理顺序和键值的逻辑（索引）顺序相同	表中各行的物理顺序和键值的逻辑（索引）顺序有可能不同
检索速度快，效率高	检索速度比较慢，效率比较低
可以包含多个列	不可以包含多个列

（3）其他索引。

①唯一索引。

唯一索引不允许两行具有相同的索引值。如果为了保证表中每行在一定程度上是唯一的，可以使用唯一索引。例如，如果在学生表中"姓名"字段创建了唯一索引，则所有学生的姓名不能重复。聚集索引和非聚集索引都可以是唯一的。因此，只要列中数据是唯一的，就可以在同一个表上创建一个唯一的聚集索引。

提示：创建唯一约束后，将自动创建唯一索引。

②视图索引。

视图索引是为视图创建的索引。其存储方法与带聚集索引的表的存储方法相同。

③全文索引。

全文索引是一种特殊类型的基于标记的功能性索引，它是由 SQL Server 全文引擎生成和维护的。每个表只允许有一个全文索引。若要对某个表创建全文索引，该表必须具有一个唯一且非 null 的列。

④ XML 索引。

XML 索引是 XML 数据关联的索引形式，可以对 XML 数据类型列创建 XML 索引。它们对列中 XML 实例的所有标记、值和路径进行索引，从而提高查询性能。XML 索引分主 XML 索引和辅助 XML 索引。

6.1.2 索引的作用

索引的作用主要是为了提高检索性能，加快访问速度。设计良好的索引，查询效率可以得到极大的提高，某些情况下甚至可以提高几百或上千倍。在所有的进行系统优化的选择中，索引都是第一位的。然而，"水可载舟，亦可覆舟"，索引也一样。表中的索引并不是越多越好，带索引的表在数据库中需要更多的存储空间，在更新时耗费的时间更长，因为对数据的更新很有可能会导致索引更新，这样就会导致系统开销增加。所以说，我们要建立一个"适当"的索引体系，更应精益求精，慎重思考，以使数据库能得到高性能的发挥。

在一般情况下，应当在经常被查询的列上创建索引，以便提高查询速度。但索引将占用磁盘空间，并且降低添加、删除、更新行的速度。因此，究竟哪些列需要创建索引，哪些列根本不需要创建，都是我们必须要考虑的问题。

需要建立索引的列有：

（1）频繁搜索的列。

（2）经常用做查询选择的列。

（3）经常排序、分组的列。

（4）主关键字所在的列。

（5）外部关键字所在的列。

不需要创建索引的列有：

（6）在查询中很少涉及的列。

（7）仅包含几个不同值的列。

（8）更新性能比查询性能更重要的列。

（9）数据类型为 text、image 的列。

项目 6.2 索引的创建和管理

6.2.1 创建索引

创建索引有两种方法：一种是使用 SQL Server Management Studio 工具创建索引；另一种是使用 Transact-SQL 中的 create index 语句创建索引。

1. 使用 SQL Server Management Studio 工具创建索引

【例 6.1】 在学生表上创建学号列的聚集索引。

（1）在【对象资源管理器】中依次展开【数据库】节点、【student】节点、【学生表】节点及【索引】节点。

（2）在【索引】节点下，因为主键的设置，所以系统自动产生一个聚集索引【PK_学生表】，如图 6.2 所示。

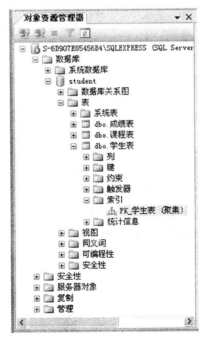

图6.2　系统默认创建的聚集索引

（3）双击【PK_学生表】聚集索引，打开【索引属性-PK_学生表】，如图6.3所示。

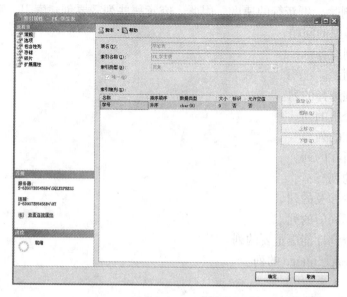

图6.3　【索引属性-PK_学生表】窗口

（4）在【常规】选项页中，【表名】文本框默认显示该索引所基于的数据表学生表，【索引名称】文本框显示系统默认名称 PK_学生表，【索引类型】下拉列表显示索引类型是"聚集"，即聚集索引。

【例6.2】　在学生表上为姓名列创建非聚集索引。

（1）右键单击【索引】节点，在弹出的快捷菜单中选择【新建索引】选项，打开【新建索引】窗口，如图 6.4 所示。

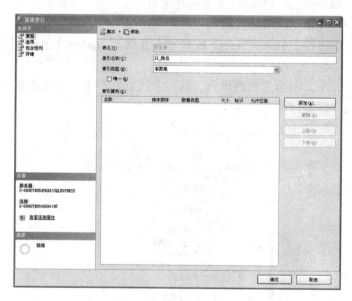

图6.4　【新建索引】窗口

（2）在【索引名称】文本框中输入 IX_姓名，在【索引类型】下拉列表框中选择【非聚集】选项。

（3）单击【添加】按钮，打开【从"dbo.学生表"中选择列】窗口，如图6.5所示。选中【姓名】复选框，单击【确定】按钮。

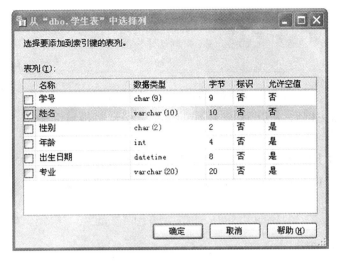

图6.5　选择创建索引的列

（4）在【新建索引】窗口中单击【确定】按钮，在学生表中创建了一个不唯一的、非聚集的索引。

2. 使用 Transact-SQL 创建索引

使用 Transact-SQL 中的 create index 语句创建索引，既可以创建聚集索引，也可以创建非聚集索引，如果不指明采用的索引结构，则 SQL Server 系统默认为采用非聚集索引结构。

语法格式：

create [unique] [clustered|nonclustered]

index index_name

on table_name|view_name(column[asc|desc][, ...n])

[wtth [index_property[, ...n]]]

参数说明：

（1）unique: 表示创建一个唯一索引，它必须与另外一个索引创建的关键字联合使用。

（2）clustered：指明创建的索引是聚集索引，每一个表只能创建一个聚集索引。

（3）nonclustered：指明创建的索引是非聚集索引，每个表最多可以创建 249 个非聚集索引。

（4）index_name：索引名称。

（5）table_name：要创建索引的数据表名称。

（6）view_name：要创建索引的视图名称。

（7）column：索引字段。

（8）asc|desc：指定索引列的排序方式，asc 表示升序，desc 表示降序，在默认情况下是升序（asc）。

（9）index_property：索引属性。

【例 6.3】　在课程表上课程编号列创建聚集索引，索引名为 IX_ 课程编号。

在 SQL Server Management Studio 查询分析器窗口中运行如下命令：

use student

go

create clustered

index IX_ 课程编号

on 课程表（课程编号）

go

说明：如果课程表已经在课程编号列上建立了主键，SQL Server 将自动为该列创建聚集索引。执行上述语句时就会出现如图 6.6 所示的错误信息。

图6.6　创建聚集索引错误信息

当用户从表中删除主键后，这些列上创建的聚集索引也将被自动删除。每张数据表上只能存在一个聚集索引。

【例6.4】　在课程表上为课程名称列创建唯一的非聚集索引，索引名为 IX_ 课程名称。

在 SQL Server Management Studio 查询分析器窗口中运行如下命令：

```
use student
go
create unique nonclustered
index IX_ 课程名称
on 课程表 ( 课程名称 )
go
```

说明：如果数据表中已经有数据，在创建 unique 索引时，SQL Server 将自动检查是否存在重复的值，若存在重复的值，则创建 unique 索引会失败。

6.2.2 管理索引

1. 使用 SQL Server Management Studio 工具管理索引

（1）查看索引。

【例6.5】　查看学生表中的 PK_ 学生表索引信息。

展开【索引】节点，右键单击【PK_ 学生表】节点，在弹出的快捷菜单中选择【属性】选项，打开【索引属性-PK_ 学生表】窗口，如图 6.7 所示。通过对话框左侧的【选择】页，可以查看索引的详细信息。

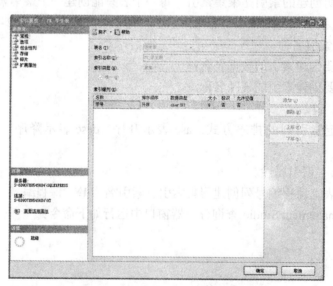

图6.7　【索引属性-PK_学生表】窗口

（2）重命名索引。

【例6.6】　将学生表中的"PK_ 学生表"索引重命名为"PK_ 学号"。

右键单击【PK_ 学生表】节点，在弹出的快捷菜单中选择【重命名】选项，如图 6.8 所示。输入新的索引名【PK_学号】即可。

图6.8　索引重命名

（3）删除索引。

【例6.7】　将学生表中的 PK_学号 索引删除。

右键单击【PK_学号】节点，在弹出的快捷菜单中选择【删除】选项，即可将【PK_学号】索引删除。

2. 使用 Transact-SQL 管理索引

（1）查看索引。

利用系统存储过程 sp_helpindex 可以返回表中所有索引信息。

语法格式：sp_helpindex 表名

【例6.8】　使用系统存储过程 sp_helpindex 查看课程表中的索引信息。

在 SQL Server Management Studio 查询分析器窗口中运行如下命令：

use student

go

exec sp_helpindex 课程表

go

运行结果如图 6.9 所示。

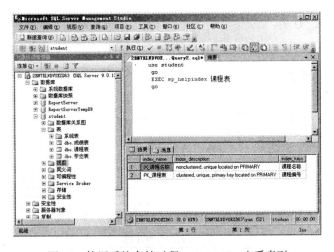

图6.9　使用系统存储过程sp_helpindex查看索引

（2）重命名索引。

利用系统存储过程 sp_rename 更改索引的名称。

语法格式：

sp_rename ' 表名 . 原索引名称 ',' 新索引名称 '

【例 6.9】 使用系统存储过程 sp_rename 将课程表中的 PK_ 课程表 索引重命名为 PK_ 课程编号。

在 SQL Server Management Studio 查询分析器窗口中运行如下命令：

use student

go

exec sp_rename ' 课程表 .PK_ 课程表 ', 'PK_ 课程编号 '

go

运行结果如图 6.10 所示。

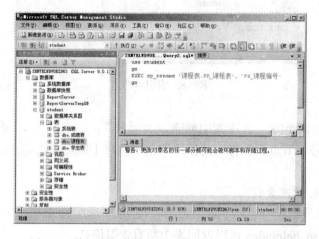

图6.10　使用系统存储过程sp_rename更改索引名称

（3）删除索引。

使用 drop index 语句删除独立于约束的索引，但无法删除创建主键约束时创建的索引。

语法格式：

drop index 表名 . 索引名 | 视图名 . 索引名 [,... n]

【例 6.10】 删除学生表中的 IX_ 姓名索引。

在 SQL Server Management Studio 查询分析器窗口中运行如下命令：

use student

go

drop index 学生表 .IX_ 姓名

go

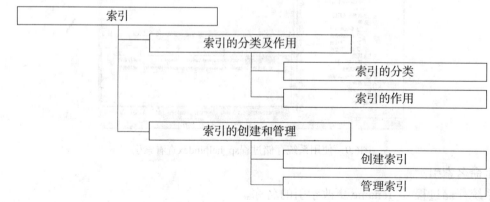

拓展与实训

▶ 基础训练

一、填空题

1. 从理论上来说，一个数据表可以创建_____个聚集索引，最多可以创建_____个非聚集索引。

2. 指名创建的索引是聚集索引的关键字是_____，指名创建的索引是唯一索引的关键字是_____。

3. 假定有数据表 book1，为该表创建一个基于"图书 ID"列的唯一、聚集索引 IX_ 图书 ID, 完善下面的语句。

use book

go

create_____clustered

index ix_ 图书 ID

on_____（　　　）

go

二、选择题

1. 在（　　）索引中，表中各行的物理顺序与键值的逻辑（索引）顺序相同。

　　A . 聚簇索引　　　　　B . 非聚簇索引　　　　C . A 和 B　　　　　　D . 以上都不正确

2. 下列的（　　）总是要对数据进行排序。

　　A . 聚集索引　　　　　B . 非聚集索引　　　　C . 组合索引　　　　D . 唯一索引

3. 可以用来查看数据库中某个表的索引的语句是（　　　）

　　A . sp_help　　　　　B . sp_helpdb　　　　C . sp_helpindex　　　　D . sp_rename

三、简答题

1. 简述索引的优点和缺点。

2. 什么是聚集索引？什么是非聚集索引？分别叙述这两种索引的特点。

3. 如何使用 create index 语句创建索引？

▶ 技能实训

技能实训：

技能训练 1：创建和删除索引

【训练目的】

1. 掌握用 SQL Server Management Studio 创建聚集索引。

2. 掌握用 SQL Server Management Studio 创建非聚集索引。

3. 掌握用 SQL Server Management Studio 删除索引。

4. 掌握用 Transact-SQL 创建聚集索引。

5. 掌握用 Transact-SQL 创建非聚集索引。

6. 掌握用 Transact-SQL 删除索引。

【训练内容】

1. 用 SQL Server Management Studio 为课程表中的课程编号列上创建 primary key，则系统在此 primary key 键上按照升序创建聚集索引。

2. 用 SQL Server Management Studio 为课程表中的课程名称列上按照降序创建唯一的非聚集索引 IX_ 课程名称。

3. 用 SQL Server Management Studio 删除索引 IX_ 课程名称。

4. 用 Transact-SQL 为学生表中的学号列创建聚集索引。

5. 用 Transact-SQL 为学生表中的专业列创建非聚集索引 IX_ 专业，并按照升序排序。

6. 用 Transact-SQL 为学生表中的姓名列创建唯一索引 IX_ 姓名，并按照降序排序。

7. 用 Transact-SQL 删除学生表中的索引 IX_ 专业。

技能训练 2：显示索引信息

【训练目的】

1. 掌握用 SQL Server Management Studio 显示索引信息。

2. 掌握用 SQL Server Management Studio 重命名索引。

3. 掌握用 Transact-SQL 显示索引信息。

4. 掌握用 Transact-SQL 重命名索引。

【训练内容】

1. 用 SQL Server Management Studio 显示学生表中唯一索引 IX_ 姓名的属性信息。

2. 用 SQL Server Management Studio 将学生表中索引 IX_ 姓名重命名为 index_stuname。

3. 使用系统存储过程 sp_helpindex 查看学生表中的索引信息。

4. 使用系统存储过程 sp_rename 将学生表中的索引 index_stuname 重命名为 IX_ 姓名。

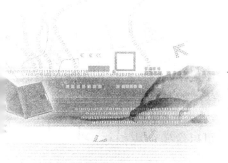

模块7
视　图

教学聚焦

视图是从一个或多个基本表中导出的虚拟表。视图是面向普通用户的数据库对象，并为用户提供了一个可以检索数据表中数据的方式。视图由查询数据库产生，通过视图能限制用户所看到和修改的数据，只显示用户所需数据。

知识目标
◆ 了解视图的概念及作用
◆ 掌握视图的创建、重命名、显示、删除和应用

技能目标
◆ 学会视图的创建、管理和应用

课时建议
　　4 学时

课堂随笔

项目 7.1 视图概述 |||

7.1.1 视图的概念

视图是数据库操作对象之一，其实质是从一个或多个数据表（基本表）或视图导出的虚拟表（简称虚表）。同数据表一样，其结构也是由数据行和数据列组成。所谓虚拟表指的是视图并不是真正的基本表，没有存储任何数据，视图中保存的只是对源数据表查询的结果集。

一旦定义好视图，视图中的数据将与基本表中的数据保持同步，可以像操作基本表一样操作视图中的数据表，如查询、修改、更新及删除等操作。

视图通常用于从一张数据表里取出部分数据列或部分数据行（或记录）生成一张虚拟表，也可从两张或多张数据表连接生成视图，或从视图中进行数据查询及生成数据表的统计信息等。

7.1.2 视图的作用

由于视图是定义在基本表之上的，因此对视图的操作其本质是转变为对基本表的操作。为什么要引入视图呢？这是因为视图能为用户对数据库的查询提供很大的帮助。

（1）简化用户的操作。

用户需要处理的数据可能存储在不同的基本表中，而查询这些数据可能涉及不同约束下的多张基本表操作。开发人员通过定义视图将注意力集中在数据上，而不必过多地关心虚拟表及基本表的结构，简化开发人员的数据查询操作。

（2）提供数据保护功能。

基本表中存放全部的数据，通常用户只需要部分有实际价值的数据，而对基本表的检索操作可以看到全部数据和机密数据，通过视图则可以限制用户对数据的访问，使无应用价值和机密数据不出现在用户视图上，用户只能检索和修改视图里的数据，而对基本表和其他数据不能访问和操作，从而有效地提高了数据的安全性。

（3）提供数据定制服务。

通过视图，用户可以从不同的角度，用不同的方式访问相同或不同的数据集，为不同层次、不同水平的数据库用户提供非常灵活的访问机制。

（4）提供便利的数据交互操作。

数据库中的数据常常需要与其他数据库系统或应用程序进行数据交互，因此需要保持数据的逻辑独立性，使数据库中字段或关系有变化时，用户和程序不受影响。通常，数据存放于多张数据表或多个数据库中，实现数据交互比较麻烦，通过视图可以将需要进行关联交互的数据统一到一张虚拟表中，大大简化了数据交互操作。

（5）易于数据的关系运算。

由于数据库中数据量非常庞大，通过视图可以重新组织数据，而不需要改变基本表的结构，不会影响应用程序，应用程序可以通过视图来重新读取数据。

项目 7.2 视图的管理和应用 |||

7.2.1 视图的创建

在 SQL Server 2005 中创建视图主要有两种方法：使用 SQL Server Mangagement Studio 视图设计

器工具和使用 Transact-SQL 语句来实现。使用 SQL Server Management Studio 视图设计器创建视图过程简单、直观，而使用 Transact-SQL 语句编写视图的方式则比较灵活。

1. 使用 SQL Server Mangagement Studio 工具创建视图

【例7.1】 通过 SQL Server Mangagement Studio 工具的图形化界面在学生表、课程表及成绩表中创建一个"学生课程成绩"视图，要求包含学号、姓名、课程名称及成绩字段。

（1）在 SQL Server Management Studio 工具界面选择左侧"student"数据库，展开数据库，查看【视图】节点，右键单击【视图】节点，在弹出的菜单中选择【新建视图】命令，如图 7.1 所示。

图7.1　新建视图

（2）弹出【添加表】对话框，其中有【表】、【视图】、【函数】和【同义词】四个标签页，选择【表】标签页，如图 7.2 所示。

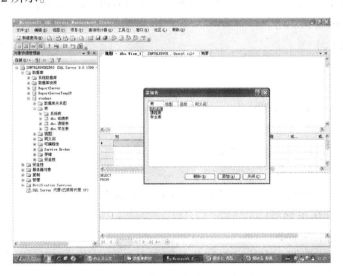

图7.2　【添加表】对话框

（3）选择【学生表】、【课程表】及【成绩表】，单击【添加】按钮，所选对象将在视图设计器中以图形窗口的方式显示。

（4）视图设计器从上到下分为四个部分：第一部分为【关系图】窗口，以图形化的方式显示数据表、视图以及表间关系；第二部分为【网格】窗口，对列、视图以及查询条件等进行设置；第三部分为【SQL】窗口，通过操作界面自动生成 Transact-SQL 语句，也可直接通过手工编写 Transact-SQL 语句；第四部分为【结果】窗口，显示视图的运行结果，如图 7.3 所示。

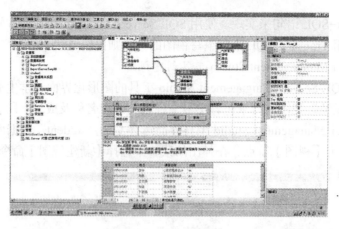

图7.3　视图设计器窗口

（5）视图设计器的【关系图】窗口，显示了【学生表】、【课程表】和【成绩表】，以及它们之间的关联关系。依次单击表的学号、姓名、课程名称、成绩列，筛选视图中所要显示的数据列，如图7.3 所示，选择完成以后，该关系在【SQL】窗口的 Transact-SQL 语句中体现出来：

select dbo. 学生表 . 学号 , dbo. 学生表 . 姓名 , dbo. 课程表 . 课程名称 , dbo. 成绩表 . 成绩

from dbo. 成绩表 inner join

　　dbo. 课程表 on dbo. 成绩表 . 课程编号 = dbo. 课程表 . 课程编号 inner join

　　dbo. 学生表 on dbo. 成绩表 . 学号 = dbo. 学生表 . 学号

（6）单击工具栏中的【保存】按钮，弹出【选择名称】对话框，输入视图名称【学生课程成绩】，单击【确定】按钮，这样就创建了一个简单的视图。

2. 使用 Transact-SQL 创建视图

create view 语法格式：

create view [<database_name >.] [<owner>.]view_name [(column [,...n])]

[with <view_attribute> [,...n]]

as select_statement [;]

[with check option]

<view_attribute> ::=

{ [encryption][schemabinding][view_metadata]}

参数说明：

（1）database_name：视图所属数据库的名称。

（2）view_name：视图的名称。

（3）column：视图中的列名称。当列由算术表达式、函数或常量等产生计算列，或查询结果集有相同列名时，必须为列指定别名。

（4）as：是视图要执行的操作。

（5）select_statement：视图文本的主要部分，用于定义视图的查询语句。使用多个表和其他视图来创建视图。

（6）with check option：强制要求视图运行的所有数据修改语句，都必须符合在 select_statement 中设置的规则。

（7）encryption：保存创建视图语句文本时加密，对 sys.syscomments 表中包含 create view 语句文本的加密条目，任何人都无法访问。

（8）schemabinding：将视图绑定到基本表的架构。如果指定了 schemabinding，则不能按照影响视图定义的方式，修改基本表或表。

（9）view_metadata：数据库将返回视图的元数据信息，而不返回基本表或表。

常见的视图有简单列子集视图、基于多个基本表的视图、基于视图的视图、加密视图、check option视图、表达式视图、分组视图等。

【例7.2】　创建一个简单的列子集视图。在"student"数据库中，在学生表中创建一个学生信息视图，显示学号和姓名字段，视图名为"学生信息视图1"。

在SQL Server Management Studio查询分析器窗口中运行如下命令：

use student

go

create view 学生信息视图1

as

select 学号, 姓名 from 学生表

go

select * from 学生信息视图1

go

运行结果如图7.4所示。

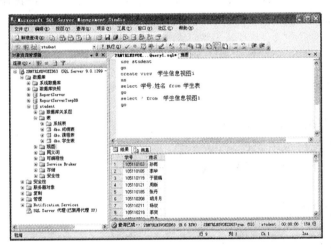

图7.4　列子集视图

【例7.3】　创建一个列别名子集视图。在"student"数据库中，在学生表中创建一个学生信息视图，以ID,sname和specialty为列名显示学号、姓名和专业字段的内容，视图名为"学生信息视图2"。

在SQL Server Management Studio查询分析器窗口中运行如下命令：

use student

go

create view 学生信息视图2

(ID,sname,specialty)

as

select 学号, 姓名, 专业

from 学生表

go

select * from 学生信息视图2

go

运行结果如图7.5所示。

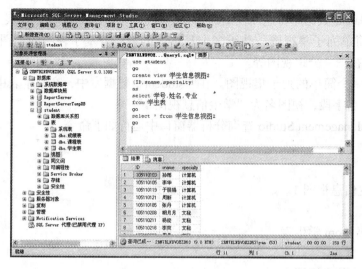

图7.5　列别名子集视图

【例7.4】　创建一个基于多个基本表的视图。在"student"数据库中，在学生表、课程表、成绩表中创建一个学生信息视图，显示姓名、课程名称和成绩，视图名为"学生信息视图3"。

在 SQL Server Management Studio 查询分析器窗口中运行如下命令：

use student

go

create view 学生信息视图 3

as

select a. 姓名 ,b. 课程名称 ,c. 成绩

from 学生表 a, 课程表 b, 成绩表 c

where a. 学号 =c. 学号 and b. 课程编号 =c. 课程编号

go

select * from 学生信息视图 3

go

运行结果如图 7.6 所示。

图7.6　基于多个基本表的视图

【例7.5】　创建一个基于视图的视图。在"student"数据库中，在学生信息视图 3 中创建一个成

绩大于等于 90 分的学生信息视图，视图名为"学生信息视图 4"。

在 SQL Server Management Studio 查询分析器窗口中运行如下命令：

```
use student
go
create view 学生信息视图 4
as
select * from 学生信息视图 3
where 成绩 >=90
go
select * from 学生信息视图 4
go
```

运行结果如图 7.7 所示。

图7.7 基于视图的视图

【例 7.6】 创建一个加密的视图。在"student"数据库中，在学生表、课程表、成绩表中创建一个 with encryption 限制的学生信息视图，视图名为"学生信息视图 5"。

在 SQL Server Management Studio 查询分析器窗口中运行如下命令：

```
use student
go
create view 学生信息视图 5
with encryption
as
select a. 姓名 ,b. 课程名称 ,c. 成绩
from 学生表 a, 课程表 b, 成绩表 c
where a. 学号 =c. 学号 and b. 课程编号 =c. 课程编号
go
select * from 学生信息视图 5
go
```

运行结果如图 7.8 所示。

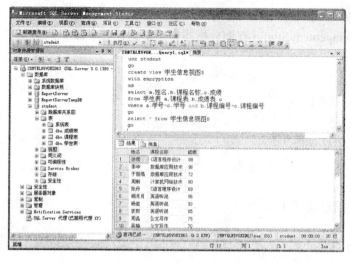

图7.8 加密的视图

【例 7.7】 创建一个 check option 限制的视图。在"student"数据库中，在成绩表中创建一个 with check option 限制的学生信息视图，视图名为"学生信息视图 6"。

在 SQL Server Management Studio 查询分析器窗口中运行如下命令：

```
use student
go
create view 学生信息视图 6
as
select * from 成绩表 where 成绩 >=90
with check option
go
select * from 学生信息视图 6
go
```

运行结果如图 7.9 所示。

图7.9 with check option限制的视图

【例 7.8】 创建一个基于函数（表达式）和分组的视图。在"student"数据库中，在成绩表中创建一个基于函数和分组的学生平均成绩视图，视图名为"学生平均成绩视图"。

在 SQL Server Management Studio 查询分析器窗口中运行如下命令：

```
use student
go
create view 学生平均成绩视图
as
select 课程名称 ,avg( 成绩 ) as 平均成绩
from 课程表 , 成绩表
where 课程表 . 课程编号 = 成绩表 . 课程编号
group by 课程名称
go
select * from 学生平均成绩视图
go
```

运行结果如图 7.10 所示。

图7.10　基于函数（表达式）和分组的视图

7.2.2 视图的管理

1. 查看视图

（1）使用 SQL Server Mangagement Studio 工具查看视图。

【例 7.9】　使用 SQL Server Mangagement Studio 工具在"student"数据库中查看"学生信息视图1"的属性。

具体操作步骤如下：

①展开【视图】节点，右键单击【学生信息视图 1】视图节点，在快捷菜单中选择【属性】命令，如图 7.11 所示。

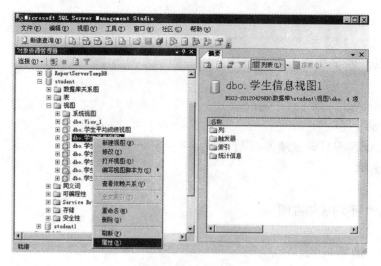

图7.11　学生信息视图1

②在 SQL Server Management Studio 工具中弹出【视图属性–学生信息视图 1】对话框，可以查看视图的相关特性，如图 7.12 所示。

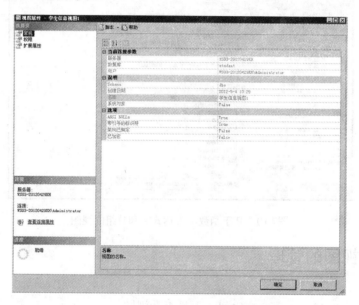

图7.12　【视图属性】对话框

（2）使用 Transact–SQL 查看视图。

在 SQL Server 中有三个存储过程可以查看视图信息。

① sp_depends 数据库对象。

说明：系统存储过程 sp_depends 可查看 sysdepends 表来确定有关数据库对象（如视图等）的相关信息。

② sp_help 数据库对象。

说明：系统存储过程 sp_help 可用来查看相关数据库对象的详细信息。

③ sp_helptext 数据库对象。

说明：系统存储过程 sp_helptext 可用来从 syscomments 系统表里查看规则、默认值、未加密的存储过程、自定义函数、触发器或视图内容。

【例 7.10】 查看"学生信息视图 1"依赖的对象信息，如图 7.13 所示。

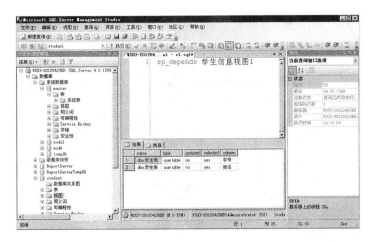

图7.13　查看视图依赖的对象信息

【例7.11】 查看"学生信息视图1"的详细信息，如图 7.14 所示。

图7.14　查看视图的详细信息

【例7.12】 查看学生信息视图1的文本内容，如图 7.15 所示。

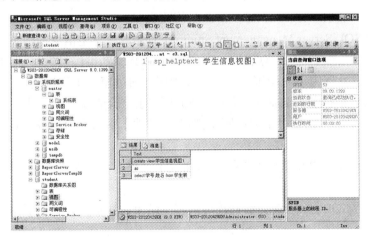

图7.15　查看视图的文本内容

2. 视图更名

（1）使用 SQL Server Mangagement Studio 工具更改视图名称。

【例7.13】 使用 SQL Server Mangagement Studio 工具更改"学生信息视图1"的名称。

右键单击【学生信息视图1】视图节点，在快捷菜单中选择【重命名】命令，在【对象资源管理器】中修改视图名称，如图 7.16 所示。

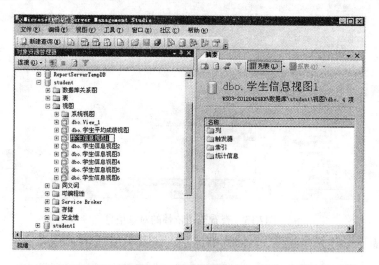

图7.16　重命名视图

（2）使用 Transact-SQL 更改视图名称。

使用系统过程 sp_rename 来对视图更名。其语法格式如下：

sp_rename [@objectname=]'object_name',[@newname=]'new_name',
[@objecttype=]'object_type'

参数说明：

（1）[@objectname=]'object_name'：表示用户对象（如表、视图等）或数据类型的实际名称。

（2）[@newname=]'new_name'：表示指定对象的新名称。

（3）[@objecttype=]'object_type'：表示重命名对象的类型。

【例 7.14】　将"学生信息视图 1"更名为"学生表视图"。

sp_rename ' 学生信息视图 1',' 学生表视图 '

或 sp_rename 学生信息视图 1, 学生表视图

3. 修改视图

（1）使用 SQL Server Mangagement Studio 工具修改视图。

【例 7.15】　使用 SQL Server Mangagement Studio 工具修改"学生信息视图 1"。

①右键单击【学生信息视图 1】节点，选择【修改】命令，调出【视图设计器】，如图 7.17 所示。

②可以在【视图设计器中】的操作窗口中修改视图。通过窗口中的快捷菜单来完成，主要包括：【执行 SQL】、【添加分组依据】、【添加表】、【添加新派生表】、【验证 SQL 句法】命令。

③ Transact-SQL 语句可以通过【关系图】窗口、【条件】窗口自动生成；也可以在【SQL】窗口中直接编写或修改生成。

④通过在视图设计器的快捷菜单中选择【添加表】菜单命令，调出【添加表】对话框，添加表或表值对象。

⑤通过单击【执行 SQL】命令，查看修改后的视图结果，显示在【结果】窗口中。

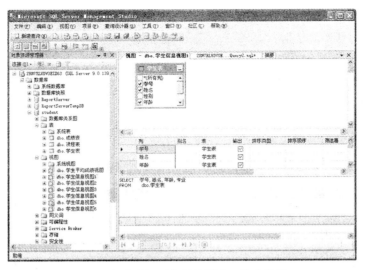

图7.17 在【视图】设计器窗口修改视图

（2）使用 Transact-SQL 修改视图。

使用 alter view 修改已经创建的视图，语法格式如下：

alter view [schema_name .] view_name [(column [,...n])]

[with <view_attribute> [,...n]]

as select_statement [;]

[with check option]

<view_attribute> ::=

{

[encryption]

[schemabinding]

}

参数说明：

（1）schema_name：视图所属架构的名称。

（2）view_name：要更改的视图。

（3）column：将成为指定视图的一部分的一个或多个列的名称（以逗号分隔）。

（4）as：视图要执行的操作。

（5）select_statement：定义视图的 select 语句。

（6）check option：要求对该视图执行的所有数据修改语句都必须符合 select_statement 中所设置的条件。

（7）encryption：加密 sys.syscomments 中包含 alter view 语句文本的项。

（8）schemabinding：将视图绑定到基本表的架构。如果指定了 schemabinding，则不能以影响视图定义的方式来修改基本表。

【例7.16】 使用 alter view 修改"学生信息视图1"，新增年龄和专业列。

在 SQL Server Management Studio 查询分析器窗口中运行如下命令：

use student

go

select * from 学生信息视图 1

go

alter view 学生信息视图 1

as

select 学号 , 姓名 , 年龄 , 专业

from 学生表

go

select * from 学生信息视图 1

go

运行结果如图 7.18 所示。

通过以上命令，用户可以过滤不关心的数据，新增或删除字段。

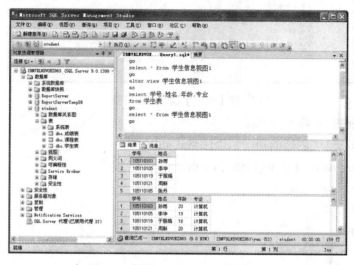

图7.18　使用Transact.SQL修改视图

4. 删除视图

（1）使用 SQL Server Mangagement Studio 工具删除视图。

【例 7.17】　使用 SQL Server Mangagement Studio 工具删除 "学生信息视图 1"。

右键单击【学生信息视图 1】视图节点，选择【删除】菜单命令，在弹出的【删除对象】对话框中单击【确定】按钮即可，如图 7.19 所示。

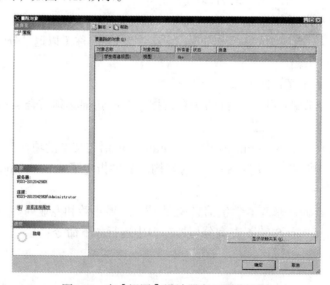

图7.19　在【视图】设计器窗口删除视图

（2）使用 Transact-SQL 删除视图。

从当前数据库中删除一个或多个视图，可以使用 SQL Server Management Studio 工具完成，也可以通过 Transact-SQL 语句实现，使用 drop view 批处理删除视图，其语法格式如下：

drop view[schema_name .] view_name [,...n] [;]

参数说明：

（1）schema_name：指该视图所属架构的名称。

（2）view_name：指要删除的视图的名称。

【例7.18】　使用 drop view 语句删除"学生信息视图2"。

在 SQL Server Management Studio 查询分析器窗口中运行如下命令：

use student

go

if object_id('学生信息视图2', 'view') is not null

drop view 学生信息视图2

go

说明：使用 object_id 函数判断数据对象的存在。

7.2.3 视图的应用

1. 利用 SQL Server Management Studio 图形工具管理视图数据

【例7.19】　使用 SQL Server Management Studio 图形工具修改"学生信息视图1"的数据。

右键单击【学生信息视图1】视图节点，选择【打开视图】菜单命令，在 SQL Server Management Studio 工具的文档窗口中将显示数据结果。

（1）修改数据。

通过视图设计器筛选要修改的数据行，点击数据表中的数据项如学号为"105110103"、姓名为"孙雨"的数据行，将其姓名修改为"孙雨1"，如图 7.20 所示。

图7.20　修改【视图】数据

（2）插入数据。

可以在最后一条数据行插入新数据，如（'105110620','22'）。

（3）删除数据。

选中需要删除的数据行，右键单击选择【删除】，即可删除该行数据，如图 7.21 所示。

修改完成后，点击其他数据行，使修改的数据行失去焦点，SQL Server Management Studio 工具将自动提交管理操作的信息。

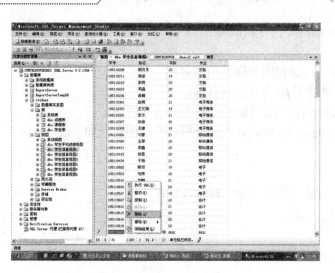

图7.21　删除【视图】数据

2. 利用 Transact-SQL 管理视图数据

【例 7.20】　利用视图插入数据。在学生信息视图 1 中插入一行数据 ('105110621','zhangsan')。

```
use student
go
select * from 学生信息视图 1
insert into 学生信息视图 1
values('105110621', 'zhangsan')
go
select * from 学生信息视图 1
go
```

【例 7.21】　利用视图修改数据。将学生信息视图 1 中姓名为"张三"的学生更名为"zhangsan"。

```
use student
go
select * from 学生信息视图 1
update  学生信息视图 1
set 姓名 ='zhangsan '
where 学号 ='105110621'
go
select * from 学生信息视图 1
go
```

【例 7.22】　利用视图删除数据。将学生信息视图 1 中学号为"105110621"的记录删除。

```
use student
go
select * from 学生信息视图 1
delete 学生信息视图 1
where 学号 ='105110621'
go
select * from 学生信息视图 1
go
```

重点串联 ▶▶▶

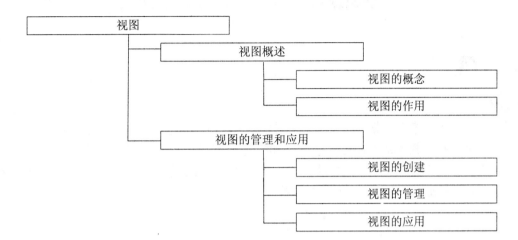

拓展与实训

▶ 基础训练

一、填空题

1. 视图是从一个或多个数据表（基本表）或视图导出的_____。

2. 同数据表一样，视图结构也是由_____和_____组成。

3. 一旦定义好视图，视图中的数据将与基本表中的数据保持_____，可以像操作基本表一样操作视图中的数据表：查询、修改、更新及删除操作。

二、选择题

1. 可以用（   ）命令来创建视图。

    A．create table   B．create view

    C．alter table   D．alter view

2. 下列不属于视图的作用的是（   ）。

    A．用来简化用户的操作   B．提供数据保护功能

    C．提供数据定制服务   D．存储原数据

3. 加密 create view 语句文本，建立视图（   ）选项。

    A．with check option   B．with schemabinding

    C．with encryption   D．with read only

三、简答题

1. 什么是视图？视图可以实现哪些作用？

2. SQL Server 2005 提供哪些方法来创建视图？

3. 如何使用 Transact-SQL 语句在视图中插入、修改和删除数据？

▶ 技能实训

技能训练 1：创建和管理视图。

1. 在"student"数据库中，创建名为"V_学生"视图，显示学生表中的姓名和年龄。

2. 创建名为"V_课程"视图，显示课程表中的课程编号和课程名称。

3. 创建名为"V_成绩"视图，显示成绩表中的学号和成绩。

4. 创建名为"学生信息"视图，内容为学生的学号、姓名、专业、课程名称和成绩。

5. 查看"学生信息"视图。

6. 将"学生信息"视图更名为"学生信息表"视图。

7. 删除"V_学生"视图。

技能训练 2：视图的应用。

1. 在"学生信息表"视图中插入数据（"105110655"，"李玉"，"计算机"，"85"）。

2. 将"学生信息表"视图中学号为"105110655"的专业修改为"会计"。

3. 删除"学生信息表"视图中姓名为"李玉"的数据。

模块8
存储过程和触发器

教学聚焦

存储过程是一组预先编译好的 Transact-SQL 代码，可以作为一个独立的数据库对象，也可以作为一个单元被用户的应用程序调用，易于修改和扩充，并能被反复调用。由于已经提前编译过，所以执行时不需再次进行编译，从而提高了程序的运行效率。触发器也是一种特殊的存储过程，是保证数据完整性和实施业务规则的有效方法。

知识目标

◆ 了解存储过程的概念和触发器的类型
◆ 掌握存储过程和触发器的创建
◆ 学会管理存储过程和触发器

技能目标

◆ 掌握存储过程和触发器的创建
◆ 学会管理存储过程和触发器

课时建议

  8 学时

课堂随笔

项目 8.1 存储过程

8.1.1 存储过程概述

1. 存储过程的定义

存储过程是 SQL 语句和可选控制流语句的预编译集合，以一个名称存储并作为一个单元处理，是数据库中的一个对象。存储过程存储在数据库内，可由应用程序通过一个调用执行，而且允许用户声明变量、有条件执行以及其他强大的编程功能。

存储过程在运算时生成执行方式，所以，以后对其再运行时其执行速度很快。SQL Server 2005 不仅提供了用户自定义存储过程的功能，也提供了许多可作为工具使用的系统存储过程。

Microsoft SQL Server 的存储过程与其他编程语言的存储过程类似，原因如下：

（1）接受输入参数，并以输出参数的格式向调用过程或批处理返回多个值。

（2）包含用于在数据库中执行操作（包括调用其他过程）的编程语句。

（3）向调用过程或批处理返回状态值，以指明成功或失败（以及失败的原因）。

（4）可以使用 Transact-SQL execute 语句来运行存储过程。存储过程与函数不同，因为存储过程不返回取代其名称的值，也不能直接在表达式中使用。

在 SQL Server 中，使用存储过程而不使用存储在客户端计算机本地的 Transact-SQL 程序的好处如下：

（1）存储过程已在服务器注册。

（2）存储过程具有安全特性（如权限等）和所有权链接，以及可以附加到它们的证书。

（3）用户可以被授予权限来执行存储过程，而不必直接对存储过程中引用的对象具有权限。

（4）存储过程可以强制应用程序的安全性。

（5）参数化存储过程有助于保护应用程序不受 SQL In Jection 的攻击。

（6）存储过程允许模块化程序设计。

（7）存储过程一旦创建，以后即可在程序中调用任意次。这可以改进应用程序的可维护性，并允许应用程序统一访问数据库。

（8）存储过程是命名代码，允许延迟绑定。

（9）提供一个用于简单代码演变的间接级别。

（10）存储过程可以减少网络通信流量。

（11）一个需要数百行 Transact-SQL 代码的操作可以通过一条执行过程代码的语句来执行，而不需要在网络中发送数百行代码。

2. 存储过程的类型

（1）用户定义的存储过程。

由用户为完成某一特定功能而编写的存储过程称为用户定义的存储过程。存储过程可以接受输入参数、向客户端返回表格或标量结果和消息、调用数据定义语言 (DDL) 和数据操作语言 (DML) 语句，然后返回输出参数。在 SQL Server 2005 中，存储过程有两种类型：Transact-SQL 或 CLR。

① Transact-SQL。

Transact-SQL 存储过程是指保存的 Transact-SQL 语句集合，可以接受和返回用户提供的参数。例如，存储过程中可能包含根据客户端应用程序提供的信息在一个或多个表中插入新行所需的语句。存储过程也可能从数据库向客户端应用程序返回数据。

② CLR。

CLR 存储过程是指对 Microsoft .NET Framework 公共语言运行时 (CLR) 方法的引用，可以接受和返回用户提供的参数。它们在 .NET Framework 程序集中是作为类的公共静态方法实现的。

（2）扩展存储过程。

扩展存储过程允许使用编程语言（如 C 语言等）创建自己的外部例程。扩展存储过程是指 Microsoft SQL Server 的实例可以动态加载和运行的 DLL。扩展存储过程直接在 SQL Server 实例的地址空间中运行，可以使用 SQL Server 扩展存储过程 API 完成编程。

（3）系统存储过程。

SQL Server 2005 中的许多管理活动都是通过一种特殊的存储过程执行的，这种存储过程被称为系统存储过程。例如，sys.sp_changedbowner 就是一个系统存储过程。从物理意义上讲，系统存储过程存储在源数据库中，并且带有 sp_ 前缀。从逻辑意义上讲，系统存储过程出现在每个系统定义数据库和用户定义数据库的 sys 构架中。在 SQL Server 2005 中，可将 grant，deny 和 revoke 权限应用于系统存储过程。

SQL Server 支持在 SQL Server 和外部程序之间提供一个接口，以实现各种维护活动的系统存储过程。这些扩展存储程序使用 xp_ 前缀。

（4）临时存储过程。

①本地临时存储过程，以井号 (#) 作为其名称的第一个字符，该存储过程将成为一个存放在 tempdb 数据库中的本地临时存储过程，且只有创建它的用户才能执行它。

②全局临时存储过程，以两个井号 (##) 开始，该存储过程将成为一个存储在 tempdb 数据库中的全局临时存储过程。全局临时存储过程一旦创建，以后连接到服务器的任意用户都可以执行它，而且不需要特定的权限。

（5）远程存储过程。

远程存储过程是在远程服务器的数据库中创建和存储的过程。这些存储过程可被各种服务器访问，为具有相应许可权限的用户提供服务。

8.1.2 使用 SQL Server Management Studio 工具创建和管理存储过程

1. 使用 SQL Server Management Studio 工具创建和执行存储过程

【例8.1】 在 "Student" 数据库中创建查询指定学生信息的存储过程 proc_Studentinfo。

（1）启动 SQL Server Management Studio，找到【对象资源管理器】窗口，依次展开【数据库】节点及【可编程性】节点。

（2）右键单击【存储过程】，选择【新建存储过程】，如图 8.1 所示。

图8.1 新建存储过程

（3）在右侧文档窗口中出现存储过程的模板，按照模板要求完成程序的编写和设计，在注释中输入相应的信息，如图 8.2 所示。

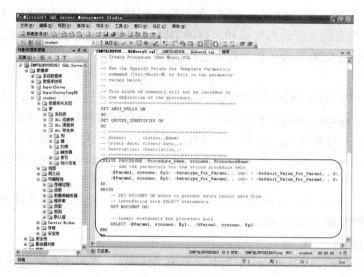

图8.2　存储过程模版

（4）在图 8.2 所示注释内容处输入下列语句，并调试执行。

```
create procedure proc_Studentinfo
as
begin
set nocount on;
select 学号,姓名,性别,年龄,出生日期,专业 from 学生表
end
go
```

运行结果如图 8.3 所示。

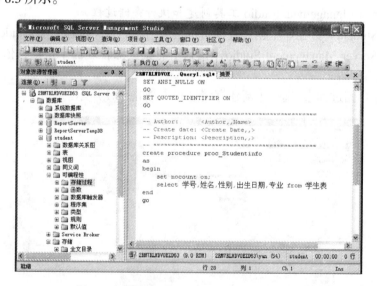

图8.3　创建名为proc_Studentinfo的存储过程

（5）新的存储过程创建后，在【对象资源管理器】中点击刷新【存储过程】，【存储过程】节点下会出现名为 dbo.proc_Studentinfo 的存储过程。

【例 8.2】　执行存储过程 proc_Studentinfo。

（1）右键单击【dbo.proc_Studentinfo】存储过程，选择【执行存储过程】。

（2）在弹出的【执行过程】窗口中，单击【确定】，即可执行存储过程。

2. 使用"SQL Server Management Studio"实现对存储过程的修改及删除操作

【例8.3】 修改存储过程 proc_Studentinfo，查询指定学生学号为 105110103 的学生信息。

右键单击【dbo.proc_Studentinfo】存储过程，点击【修改】，在右侧文档窗口中出现存储过程的模板，按照要求完成存储过程的修改。

【例8.4】 将存储过程 proc_Studentinfo 更名为 proc_Stu。

右键单击【dbo.proc_Studentinfo】存储过程，点击【重命名】，即可重新命名存储过程名称。

【例8.5】 删除存储过程 proc_Studentinfo。

右键单击【dbo.proc_Studentinfo】存储过程，点击【删除】，即可删除存储过程 proc_Studentinfo。

8.1.3 使用 Transact-SQL 创建和管理存储过程

1. 使用 Transact-SQL 创建和执行存储过程

（1）使用 Transact-SQL 创建存储过程。

语法格式：

create { proc | procedure } procedure_name [; number]

[{ @parameter data_type }]

[output] [,...n]

[with <procedure_option> [,...n]

as

SQL 语句

其中 <procedure_option> 有以下可选项：

[encryption]

[recompile]

[execute_as_Clause]

参数说明：

（1）procedure_name：新存储过程的名称。过程名称必须遵循有关标识符的规则，并且在架构中必须唯一。建议不在过程名称中使用前缀 sp_，此前缀由 SQL Server 使用，以指定系统的存储过程。可在 procedure_name 前面使用一个数字符号 (#) (#procedure_name) 来创建局部临时过程，使用两个数字符号 (##procedure_name) 来创建全局临时过程。存储过程或全局临时存储过程的完整名称（包括 ##）不能超过 128 个字符。局部临时存储过程的完整名称（包括 #）不能超过 116 个字符。

（2）@ parameter：过程中的参数。在 create procedure 语句中可以声明一个或多个参数。除非定义了参数的默认值或者将参数设置为等于另一个参数，否则用户必须在调用过程时为每个声明的参数提供值。存储过程最多可以有 2 100 个参数。通过使用 at 符号 (@) 作为第一个字符来指定参数名称。参数名称必须符合有关标识符的规则。每个过程的参数仅用于该过程本身，其他过程可以使用相同的参数名称。在默认情况下，参数只能代替常量表达式，而不能代替表名、列名或其他数据库对象的名称。如果指定了 for replication，则无法声明参数。

（3）data_type：表示定义参数的数据类型。

（4）output：表示一个返回参数，用于向调用者返回信息。

（5）encryption：应用此参数将对创建的存储过程条目进行加密，被加密后的存储过程语句将不能被查看。

（6）recompile：应用此参数将对存储过程重新编译。

（7）execute_as_Clause：指定执行存储过程的安全上下文。

【例8.6】 使用 Transact-SQL 语句创建具有输入参数的存储过程。

创建一个名为 show_Stuinfobystuno 的存储过程，该存储过程带有一个输入参数 @stuno，通过设置该参数的值，查询学生的信息。

在 SQL Server Management Studio 查询分析器窗口中运行如下命令：

```
use student
go
create procedure show_Stuinfobystuno
@stuno varchar(9)
as
begin
    select * from 学生表
    where 学号 =@stuno
end
go
```

运行结果如图 8.4 所示。

图8.4　创建带参数的存储过程

（2）使用 Transact-SQL 执行存储过程。

执行存储过程的几种方法如下：

① execute procedure_name [value1, value2, ...]

② execute procedure_name [@parameter=value, ...]

③在存储过程上点击右键，选择【执行存储过程】即可。

注：execute 可以缩写成 exec。

【例 8.7】　执行带参数的存储过程 show_Stuinfobystuno，参数值为"105110103"。

在 SQL Server Management Studio 查询分析器窗口中运行如下命令：

```
exec show_Stuinfobystuno @stuno= '105110103'
go
```

运行结果如图 8.5 所示。

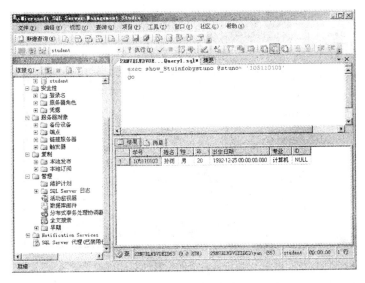

图8.5　执行带参数的存储过程

【例8.8】　创建带有返回参数的存储过程 show_Getscore，该存储过程带有三个返回参数，分别是 @max_Score(最高分数)，@min_Score(最低分数)，@avg_Score(平均分)，通过参数可以分析出学生的成绩情况。

在 SQL Server Management Studio 查询分析器窗口中运行如下命令：

use student

go

create procedure show_Getscore

@max_Score int output,@min_Score int output,@avg_Score int output

as

select ' 最高成绩 '=@max_Score,' 最低成绩 '=@min_Score,' 平均成绩 '=@avg_Score

go

【例8.9】　执行带有返回参数的存储过程 show_Getscore。

在 SQL Server Management Studio 查询分析器窗口中运行如下命令：

declare @max_Score int,@min_Score int,@avg_Score int

set @max_Score=(select max(成绩) from 成绩表)

set @min_Score=(select min(成绩) from 成绩表)

set @avg_Score=(select avg(成绩) from 成绩表)

exec show_Getscore @max_Score, @min_Score, @avg_Score

go

运行结果如图 8.6 所示。

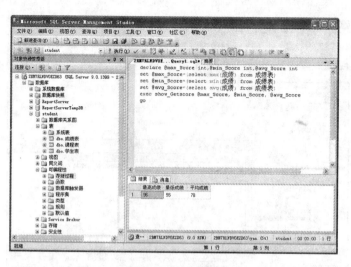

图8.6　执行带有返回参数的存储过程

2. 使用 Transact-SQL 实现对存储过程的修改和删除操作

（1）使用 alter procedure 语句可以更改 create procedure 语句创建的存储过程。

语法格式：

alter { proc | procedure } procedure_name [; number]

[{ @parameter data_type }

[output] [,...n]

[with <procedure_option>] [,...n]

as

SQL 语句

【例 8.10】　修改存储过程 proc_Studentinfo，查询学号为"105110103"的学生信息。

在 SQL Server Management Studio 查询分析器窗口中运行如下命令：

alter procedure proc_Studentinfo

as

begin

set nocount on;

select 学号,姓名,性别,年龄,出生日期,专业 from 学生表

where 学号 ='105110103';

end

（2）使用 drop procedure 可以删除存储过程。

语法格式：

drop proc procedure_name

【例 8.11】　删除存储过程 show_Getscore。

drop proc show_Getscore

项目 8.2　触发器 ‖

8.2.1 触发器概述

在大型数据库系统中，存储过程和触发器具有很重要的作用。无论是存储过程还是触发器，都

是 SQL 语句和流程控制语句的集合。就本质而言，触发器也是一种存储过程。

Microsoft SQL Server 2005 提供了两种主要机制来强制执行业务规则和数据完整性：约束和触发器。触发器是一种特殊的存储过程，它在执行语言事件时自动生效。SQL Server 包括两大类触发器：DML 触发器和 DDL 触发器。触发器的执行不是由程序调用，也不是手工启动，而是由事件来触发，比如当对一个表进行操作（insert，delete，update）时就会激活它执行。

例如，数据库管理员希望在一个表的数据插入、修改、删除后，与之关联的另一个表也能根据业务规则自动完成插入、修改、删除的操作，触发器是保证数据完整性和实施业务规则的有效方法。触发器的执行有点像电灯的开关，电源接通，灯亮；电源关闭，灯灭。

1. 使用触发器的优点

（1）当发生对数据的修改时，与之相关的触发器会被激活，触发器或被自动调用。

（2）触发器可以强制比 check 约束更为复杂的约束。与 check 约束不同，触发器可以引用其他表中的列。例如，触发器可以使用另一个表中的 select 比较插入或更新的数据，以及执行其他操作，如修改数据或显示用户定义错误信息。触发器也可以评估数据修改前后的表状态，并根据其差异采取对策。一个表中的多个同类触发器（insert、update 或 delete）允许采取多个不同的对策以响应同一个修改语句。

（3）触发器可通过数据库中的相关表实现级联更改，不过，通过级联引用完整性约束可以更有效地执行这些更改。

2. 触发器的分类

SQL Server 包括两大类触发器：DDL 触发器和 DML 触发器。

（1）DDL 触发器。

DDL 触发器是 SQL Server 2005 的新增功能。当服务器或数据库中发生数据定义语言 (DDL) 事件时将调用这些触发器。

（2）DML 触发器。

当数据库中发生数据操作语言 (DML) 事件时，将调用 DML 触发器。DML 事件包括在指定表或视图中修改数据的 insert 语句、update 语句或 delete 语句。DML 触发器可以查询其他表，还可以包含复杂的 Transact-SQL 语句，将触发器和触发它的语句作为可在触发器内回滚的单个事务对待。如果检测到错误（如磁盘空间不足），则整个事务即自动回滚。

DML 触发器在以下方面非常有用：

（1）DML 触发器可通过数据库中的相关表实现级联更改。不过，通过级联引用完整性约束可以更有效地进行这些更改。

（2）DML 触发器可以防止恶意或错误的 insert，update 以及 delete 操作，并强制执行比 check 约束定义的限制更为复杂的其他限制。

（3）与 check 约束不同，DML 触发器可以引用其他表中的列。例如，触发器可以使用另一个表中的 select 比较插入或更新的数据，以及执行其他操作，如修改数据或显示用户定义错误信息。

（4）DML 触发器可以评估数据修改前后表的状态，并根据该差异采取措施。

（5）一个表中的多个同类 DML 触发器（insert、update 或 delete）允许采取多个不同的操作来响应同一个修改语句。

❖❖❖ 8.2.2 创建和管理触发器

1. 在 SQL Server Mangagement Studio 工具中创建和管理触发器

（1）在【对象资源管理器】中依次展开【数据库】节点、【Student】节点及【表】节点，选中要创建触发器的数据表。

（2）右键单击【触发器】节点，在弹出的菜单中选择【新建触发器】命令，如图8.7所示。

图8.7　创建触发器

（3）在弹出的文档窗口中出现新建触发器窗口，此时可以根据模板输入触发器语句，可以创建和修改触发器，如图 8.8 所示。

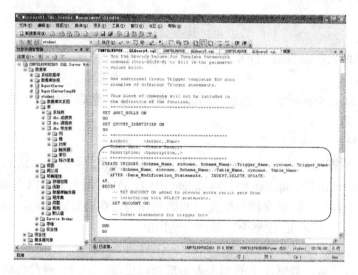

图8.8　新建触发器窗口

2. 使用 Transact-SQL 创建和管理触发器

创建触发器的语法结构：

```
create trigger trig_name
on {table_name|view_name}
{for|after|instead of} {[insert],[delete],[update]}
with encryption
as
SQL 语句
```

参数说明：

（1）trig_name: 表示要创建触发器的名称。

（2）table_name|view_name: 用于指定触发器的基表和基视图的名称。

（3）{for|after|instead of}:

after: 指定 DML 触发器仅在触发 SQL 语句中指定的所有操作都已成功执行时才被激发。所有的引用级联操作和约束检查也必须在激发此触发器之前成功完成。如果仅指定 for 关键字，则 after 为默认值。 不能对视图定义 after 触发器。

instead of：指定 DML 触发器是"代替"SQL 语句执行的，因此其优先级高于触发语句的操作。不能为 DDL 触发器指定 instead of。

对于表或视图，每个 insert、update 或 delete 语句最多可定义一个 instead of 触发器。但是，可以为具有自己的 instead of 触发器的多个视图定义视图。

instead of 触发器不可以用于使用 with check option 的可更新视图。如果将 instead of 触发器添加到指定了 with check option 的可更新视图中，则 SQL Server 将引发错误。用户须用 alter view 删除该选项后才能定义 instead of 触发器。

（4）{[delete] [,] [insert] [,] [update]}：指定数据修改语句，这些语句可在 DML 触发器对此表或视图进行尝试时激活该触发器。必须至少指定一个选项。在触发器定义中允许使用上述选项的任意顺序组合。

对于 instead of 触发器，不允许对具有指定级联操作 on delete 引用关系的表使用 delete 选项。同样，也不允许对具有指定级联操作 on update 引用关系的表使用 update 选项。

（5）with encryption: 对创建的触发器文本进行加密。

（6）Sqlstatement：表示创建触发器中的 Transact-SQL 语句。

（1）创建 insert 类型的触发器。

对定义触发器的表执行 insert 语句操作时，将会触发 insert 触发器。

当执行数据插入操作时，要插入的数据先保存在逻辑表 Inserted 中，然后再添加到 insert 触发器中。

【例 8.12】 在学生表中创建一个 insert 类型的触发器 Trig_Insert_Stuinfo，使得该触发器在被触发时，将进行成功插入提示。

在 SQL Server Management Studio 查询分析器窗口中运行如下命令：

```
use student
go
create trigger Trig_Insert_Stuinfo
on 学生表
for insert
as
select '新数据插入成功'
go
```

向学生表中新增一条记录（"105110104"，"张三"，"女"，"20"，"1992.12.25"，"计算机"），触发 Trig_Insert_Stuinfo 触发器。

在 SQL Server Management Studio 查询分析器窗口中运行如下命令：

```
insert into 学生表
values( '105110104', ' 张三 ', ' 女 ', 20, '1992.12.25', ' 计算机 ')
go
```

运行结果如图 8.9 所示。

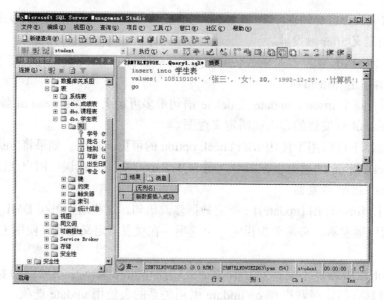

图8.9　触发insert类型的触发器

（2）创建 update 类型的触发器。

【例 8.13】　在学生表中创建一个 update 类型的触发器 Trig_update_Stuinfo，该触发器被触发时不允许修改学生表中的年龄字段。

```
use student
go
create trigger Trig_update_Stuinfo
on  学生表
for update
as
if update( 年龄 )
begin
rollback transaction
select ' 年龄字段不允许修改 '
end
go
```

在学生表中修改一条记录，将学号为"105110104"记录的年龄修改为"25"，同时触发 Trig_update_Stuinfo 触发器。

```
update 学生表
set 年龄 =25
where 学号 ='105110104'
go
```

运行结果如图 8.10 所示。

图8.10 触发update类型的触发器

（3）创建 delete 类型的触发器

【例 8.14】 创建一个删除类型的触发器 Trig_Insert_Stuinfo，不允许删除计算机专业的学生，要求删除学生信息时进行触发提示："学生信息已被删除"。

在 SQL Server Management Studio 查询分析器窗口中运行如下命令：

use student

go

create trigger Trig_Delete_Stuinfo

on 学生表 h

for delete

as

begin

delete from 学生表　where 专业 =' 计算机 '

select ' 计算机专业数据不允许修改 '

rollback transaction

end

go

删除学生表中计算机专业的记录，同时触发 Trig_Delete_Stuinfo 触发器，并查看触发结果。

在 SQL Server Management Studio 查询分析器窗口中运行如下命令：

delete from 学生表

where 专业 =' 计算机 '

go

运行结果如图 8.11、8.12 所示。

触发 Trig_Delete_Stuinfo 触发器后，查看学生表信息：计算机专业的学生记录没有被删除。

select * from 学生表

go

运行结果如图 8.13 所示。

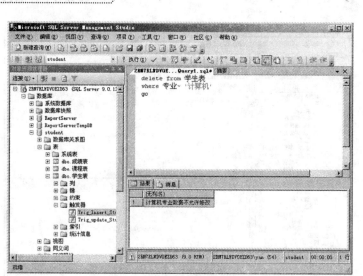

图8.11　结果显示

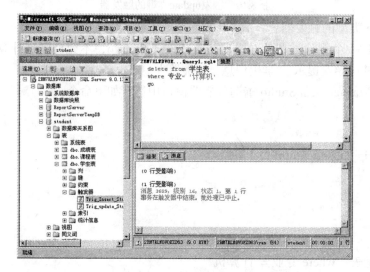

图8.12　消息提示

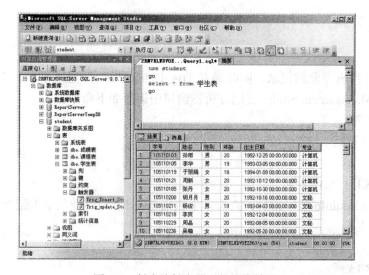

图8.13　触发该触发器后的查询结果

重 点 串 联 ▶▶▶

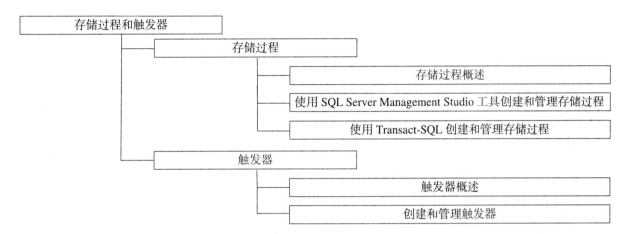

拓展与实训

▶ 基础训练

1. 下面关于存储过程的描述不正确的是（　　）。

   A. 存储过程实际上是一组 Transact-SQL 语句

   B. 存储过程预先被编译存放在服务器的系统表中

   C. 存储过程独立于数据库而存在

   D. 存储过程可以完成某一特定的业务逻辑

2. 系统存储过程在系统安装时就已创建，这些存储过程存放在（　　）系统数据库中。

   A. master   B. tempdb

   C. model   D. msdb

3. 带有前缀名为 sp 的存储过程属于（　　）。

   A. 用户自定义存储过程   B. 系统存储过程

   C. 扩展存储过程   D. 以上都不正确

4. Transact-SQL 中的全局变量以（　　）作前缀。

   A. @@   B. @

   C. #   D. ##

5. 删除触发器 Trig_Insert_Stuinfo 的正确命令是（　　）。

   A. delete trigger Trig_Insert_Stuinfo

   B. truncate trigger Trig_Insert_Stuinfo

   C. drop trigger Trig_Insert_Stuinfo

   D. remove trigger Trig_Insert_Stuinfo

6. 关于触发器的描述不正确的是（　　）。

   A. 它是一种特殊的存储过程

   B. 它可以实现复杂的商业逻辑

   C. 对于某类操作，它可以创建不同类型的触发器

   D. 触发器可以用来实现数据完整性

▶ 技能实训

技能实训 1：创建一个返回指定学生信息的存储过程 pr_student，并调用该过程显示学号为"105110103"的学生信息。

技能实训 2：创建一个 update 触发器，当更新课程表中的课程号列时，激活触发器以同步级联更新成绩中的相关课程号。

模块9
SQL Server 程序设计

教学聚焦

SQL Server 程序设计是 SQL Server 数据库的重要环节，掌握编程的基础知识和基本语句对今后应用程序的设计和开发有着至关重要的作用。

知识目标

◆ 了解常量与变量
◆ 掌握运算符的使用
◆ 掌握函数的调用
◆ 掌握流控语句，能进行程序设计
◆ 了解游标

技能目标

◆ 了解常用函数
◆ 掌握流控语句，能进行程序设计
◆ 游标的使用

课时建议

8 学时

课堂随笔

项目 9.1 常量与变量

9.1.1 常量

在程序运行中保持常值的数据，即程序本身不能改变其值的数据，称为常量，在程序中经常直接使用文字符号表示。

常量是表示特定数据值的符号，其格式取决于其数据类型。

1. 字符串常量

字符串常量括在单引号内并包含字母（a ~ z，A ~ Z）、数字字符（0~9)以及特殊字符，如感叹号 (!)、at 符 (@) 和数字号 (#)。

例如，"Cincinnati"，"O"，"Brien"，"Process X is 50% complete." 为字符串常量。

2. 二进制常量

二进制常量具有前辍 0x，并且是十六进制数字字符串，它们不使用引号。例如，0xAE，0x12Ef，0x69048AEFDD010E，0x(空串) 为二进制常量。

3. 日期 / 时间型常量

datetime 型常量使用特定格式的字符日期值表示，用单引号括起来。

输入时，可以使用 "/"、"–"、"." 作为日期 / 时间常量的分隔符。例如，"8/12/2001"，"2012-5-22"，"1989.9.1" 为日期 / 时间型常量。

4. 数值型常量

（1）整型常量由不含小数点的一串整数表示。例如，1894，2 为整型常量。

（2）浮点型常量主要采用科学记数法表示。例如，101.5E5，0.5E.2 为浮点常量。

（3）精确数值常量由包含小数点的一串数字表示。例如，1894.1204，2.0 为精确数值常量。

（4）货币常量是以 "$" 为前缀的一个整型或实型常量数据。例如，$12.5，$542023.14 为货币常量。

（5）uniqueidentifier 常量是表示全局唯一标识符 GUID 值的字符串。可以使用字符或二进制字符串格式指定。

5. 逻辑数据常量

逻辑数据常量使用数字 0 或 1 表示。非 0 的数字当做 1 处理。

6. 空值

在数据列定义之后，还需确定该列是否允许空值 (null)。允许空值意味着用户在向表中插入数据时可以忽略该列值。空值可以表示整型、实型、字符型数据。

9.1.2 变量

相应的，在程序运行过程中可以改变其值的数据，称为变量。

变量用于临时存放数据，变量中的数据随着程序的运行而变化，变量有变量名与数据类型两个属性。

变量的命名使用常规标识符，即以字母、下划线 (_)、at 符号 (@)、数字符号 (#) 开头，后续字母、数字、at 符号、美元符号 ($)、下划线的字符序列。不允许嵌入空格或其他特殊字符。

1. 局部变量

局部变量是用户可以自定义的变量，仅限于程序内部使用，在程序执行过程中作为暂存变量使用，通常也用来存储从表中查询到的数据。

（1）局部变量的定义。

局部变量首字母为单个 "@"，使用 declare 语句定义。

语法格式如下：

declare {@variable_name data_type }[,...n]

变量名最大长度为 30 个字符。一条 declare 语句可以定义多个变量，各变量之间使用逗号间隔。

例如，declare @name varchar(30),@type int

（2）局部变量的赋值。

局部变量没有被赋值前，其值是 null，若要在程序中引用它，必须先赋值。通常用 select 和 set 命令为局部变量赋值。

【例 9.1】 使用 select 命令为变量赋值。

declare @int_var int

select @int_var=12   /* 给 @int_var 赋值 */

select @int_var   /* 将 @int_var 的值输出到屏幕上 */

在一条语句中，使用 select 命令可以同时对几个变量进行赋值。

declare @LastName char(8),@Firstname char(8),@BirthDate datetime

select @LastName='Smith',@Firstname='David', @BirthDate='1985-2-20'

【例 9.2】 使用 select 语句从学生表中检索出学生学号为 "105110121" 的行，再将学生的姓名赋值给变量 @name。

declare @name varchar(10)

select @name= 姓名 from 学生表 where 学号 ='105110121'

【例 9.3】 使用 set 命令为变量赋值。

declare @rows int

set @rows=25

select @rows

注：使用 set 初始化变量的方法与 select 语句相同，但一个 set 语句只能为一个变量赋值。

2. 全局变量

全局变量是 SQL Server 系统内部使用的变量，其作用并不局限于某一程序。全局变量通常被服务器用来跟踪服务器范围和特定会话期间的信息，不能显式地被赋值或声明。

全局变量不能由用户定义，它们是在服务器级定义的，只能使用预先说明及定义的全局变量。全局变量也不能被应用程序用来在处理器之间交叉传递信息。

全局变量由系统定义并维护，通过在名称前面加 "@@" 符号。

项目 9.2 运算符

运算符能够用来执行算术运算、字符串连接、赋值以及在字段常量和变量之间进行比较。在 SQL Server 中，运算符主要有以下五大类：赋值运算符、算术运算符、比较运算符、逻辑运算符以及字符运算符。

9.2.1 赋值运算符

Transact-SQL 中的赋值运算符等号（=），等号运算符还可以在列标题和为列定义值的表达式之间建立关系。

例如，下面的代码创建了 @MyCounter 变量，然后赋值运算符将 @MyCounter 设置成一个由表达式返回的值。

```
declare @MyCounter int
set @MyCounter=1
```

9.2.2 算术运算符

算术运算符用来在两个表达式上执行数学运算，这两个表达式可以是任意两个数字数据类型的表达式。算术运算符包括 +(加)、-(减)、*(乘)、/(除)、%(模)五个。

比较运算符的符号及其含义见表 9.1。

表 9.1　算数运算符

运　算　符	优　先　级
+	加
-	减
*	乘
/	除
%	取模

9.2.3 比较运算符

比较运算符用来测试两个表达式是否相同。除了 text，ntext 或 image 数据类型的表达式外，比较运算符可以用于所有的表达式。

比较运算符的符号及其含义见表 9.2。

表 9.2　比较运算符

运　算　符	含　义
=	等于
>	大于
<	小于
>=	大于等于
<=	小于等于
<>	不等于
!=	不等于 (非 SQL-92 标准)

比较运算符的结果是布尔数据类型，它有三种值：true，alse 和 bull。那些返回布尔数据类型的表达式被称为布尔表达式。

和其他 SQL Server 数据类型不同，不能将布尔数据类型指定为表列或变量的数据类型，也不能在结果集中返回布尔数据类型。

当 set ansi_nulls 为 on 时，带有一个或两个 null 表达式的运算符返回 null。当 set ansi_nulls 为 off 时，上述规则同样适用，只不过如果两个表达式都为 null，那么等号运算符返回 true。例如，如果 set ansi_nulls 是 off，那么 null=null 就返回 true。

在 where 子句中使用带有布尔数据类型的表达式，可以筛选出符合搜索条件的行，也可以在流控

制语言语句 (如 if 和 where) 中使用这种表达式。

9.2.4 逻辑运算符

逻辑运算符用来对某个条件进行测试，以获得其真实情况。

逻辑运算符和比较运算符一样，返回带有 true 或 false 值的布尔数据类型。

逻辑运算符的符号及其含义见表9.3。

表 9.3   逻辑运算符

运 算 符	含 义
all	如果一系列的比较都为 true，那么就为 true
and	如果两个布尔表达式都为 true，那么就为 true
any	如果一系列的比较中任何一个为 true，那么就为 true
between	如果操作数在某个范围之内，那么就为 true
exists	如果子查询包含一些行，那么就为 true
in	如果操作数等于表达式列表中的一个，那么就为 true
like	如果操作数与一种模式相匹配，那么就为 true
not	对任何其他布尔运算符的值取反
or	如果两个布尔表达式中的一个为 true，那么就为 true
some	如果在一系列比较中，有些为 true，那么就为 true

9.2.5 字符运算符

字符串运算符允许通过加号（＋）进行字符串串联，这个加号也被称为字符串串联运算符。其他所有字符串操作都可以通过字符串函数进行处理。

例如：

'abc'+'efg'

运算结果是：'abcefg'。

项目 9.3 函　　数 ▐▐▐

9.3.1 常用函数

函数是一组编译好的 Transact-SQL 语句，它们可以带一个或一组数值做参数，也可不带参数，它返回一个数值、数值集合，或执行一些操作。

函数能够重复执行一些操作，从而避免不断重写代码。

SQL Server 支持两种函数类型：

（1）内置函数。

内置函数是一组预定义的函数，是 Transact-SQL 语言的一部分，按 Transact-SQL 参考中定义的方式运行且不能修改。

（2）用户定义函数。

用户定义函数指由用户定义的 Transact-SQL 函数。它将频繁执行的功能语句块封装到一个命名实体中，该实体可以由 Transact-SQL 语句调用。

1. 字符串函数

字符串函数用来实现对字符型数据的转换、查找、分析等操作，通常用做字符串表达式的一部分。以下列出了几种 SQL Server 常用的字符串函数。

（1）datalength 和 len 函数。

datalength 函数主要用于判断可变长字符串的长度，对于定长字符串将返回该列的长度。要得到字符串的真实长度，通常需要使用 rtrim 函数截去字符串尾部的空格。

len 函数可以获取字符串的字符个数，而不是字节数，也不包含尾随空格。

【例 9.4】 从学生表中读取专业列的各记录的实际长度。

select datalength(rtrim(专业)) as 'DATALENGTH',

　　　len(rtrim(专业)) as 'LEN'

from 学生表

（2）soundex 函数。

soundex 函数将 char_expr 转换为 4 个字符的声音码，其中第 1 个码为原字符串的第 1 个字符，第 2~4 个字符为数字，是该字符串的声音字母所对应的数字，但忽略了除首字母外的串中的所有元音。

soundex 函数可用来查找声音相似的字符串，但它对数字和汉字均只返回 0 值。

例如：

select soundex('1') ,soundex('a') ,soundex(' 计算机 ') ,soundex('abc') ,soundex ('abcd') , soundex('a12c') ,soundex('a 数字 ')

返回值为：

0000 A000 0000 A120 A120 A000 A000

（3）使用 charindex 函数实现串内搜索。

charindex 函数主要用于在串内找出与指定串匹配的串，如果找到，charindex 函数则返回第一个匹配的位置。

语法格式：

charindex(expr1, expr2[, start_location])

expr1 是待查找的字符串

expr2 是用来搜索 expr1 的字符表达式，

start_location 是在 expr2 中查找 expr1 的开始位置，如果此值省略、为负或为 0，均从起始位置开始查找。

例如：

select charindex(',','red,white,blue')

该查询确定了字符串 'red,white,blue' 中第一个逗号的位置。

（4）使用 patindex 函数。

patindex 函数返回在指定表达式中模式第一次出现的起始位置，如果模式没有，则返回 0。

语法格式：

patindex('%pattern%', expression)

pattern 是字符串；% 字符必须出现在模式的开头和结尾；expression 通常是搜索指定子串的表达式或列。

例如：

select patindex('%abc%', 'abc123') ,patindex('123', 'abc123')

子串 "abc" 和 "123" 在字符串 "abc123" 中出现的起始位置分别为：1 和 0。因为子串 "123" 不是以 % 开头和结尾。

2. 数学函数

数学函数用来实现各种数学运算，如指数运算、对数运算、三角运算等，其操作数为数值型数据，如 int，float，real，money 等。

表 9.4 列出了 SQL Server 数学函数及其功能。

表 9.4　数学函数及其功能

数学函数	功　能
ABS	返回给定数字表达的绝对值
ACOS	返回以弧度表示的角度值，该角度值的余弦为给定的 float 表达式，本函数也称为反余弦
ASIN	返回以弧度表示的角度值，该角度值的正弦为给定的 float 表达式，也称为反正弦
ATAN	返回以弧度表示的角度值，该角度值的正切为给定的 float 表达式，也称为反正切
ATN2	返回以弧度表示的角度值，该角度值的正切介于两个给定的 float 表达式之间，也称为反正切
CEILING	返回大于或等于所给数字表达式的最小整数
COS	返回给定表达式中给定角度（以弧度为单位）的三角余弦值
COT	返回给定 float 表达式中指定角度（以弧度为单位）的三角余切值
DEGREES	当给出以弧度为单位的角度时，返回相应的以度数为单位的角度
EXP	返回所给的 float 表达式的指数值
FLOOR	返回小于或等于所给数字表达式的最大整数
LOG	返回给定 float 表达式的自然对数
LOG10	返回给定 float 表达式的以 10 为底的对数
PI	返回以浮点数表示的圆周率
POWER	返回给定表达式乘指定次方的值
RADIANS	对于在数字表达式中输入的度数值返回弧度值
RAND	返回 0~1 之间的随机 float 值
ROUND	返回数字表达式并四舍五入为指定的长度或精度
SIGN	返回给定表达式的正 (+1)、零 (0) 或负 (-1) 号
SIN	以近似数字 (float) 表达式返回给定角度（以弧度为单位）的三角正弦值
SQUARE	返回给定表达式的平方
SQR7	返回给定表达式的平方根
TAN	返回输入表达式的正切值

【例 9.5】　在同一表达式中使用 sin，atan，rand，pi，sign 函数。

select sin(23.45),atan(1.234) ,rand(),pi(),sign(.2.34)

运行结果如下：

−0.99374071017265964 0.88976244895918932 0.1975661765616786

3.1415926535897931 −1.00

【例 9.6】　用 ceiling 和 floor 函数返回大于或等于指定值的最小整数值和小于或等于指定值的最

大整数值。

select ceiling(123) ,floor(321) ,ceiling(12.3) ,ceiling(-32.1) ,floor(-32.1)

运行结果如下：

123   321   13   -32   -33

【例 9.7】 round 函数的使用。

select round(12.34512,3),round(12.34567,3),round(12.345,-2),round(54.321,-2)

运行结果如下：

12.34500   12.34600   .000   100.000

round(numeric_expr,int_expr) 的 int_expr 为负数时，将小数点左边第 int_expr 位四舍五入。

3. 日期时间函数

日期和时间函数及其功能见表 9.5。

表 9.5　日期和时间函数

日期和时间函数	功　能
DATEADD	在向指定日期加上一段时间的基础上，返回新的 datetime 值
DATEDIFF	返回跨两个指定日期的日期和时间边界数
DATENAME	返回代表指定日期的指定日期部分的字符串
DATEPART	返回代表指定日期的指定日期部分的整数
DAY	返回代表指定日期的天的日期部分的整数
GETDATE	按 datetime 值的 SQL Server 标准内部格式返回当前系统日期和时间
GETUTCDATE	返回表示当前 UTC 时间（世界时间坐标或格林尼治标准时间）的 datetime 值。当前的 UTC 时间需在自当前的本地时间和运行 SQL Server 的计算机操作系统中的时区设置
MONTH	返回代表指定日期月份的整数
YEAR	返回表示指定日期中的年份的整数

(1) getdate。

如果要查看当前的日期时间，需执行以下命令：

select getdate()

go

(2) dateadd。

如果要计算当前日期后 21 天的日期，需执行以下命令：

declare @VarDate datetime

set @VarDate= getdate()

select dateadd(day,21,@VarDate)

go

(3) day。

如果要提取当前日期的天部分的整数，需执行以下命令：

declare @VarDate datetime

set @VarDate=getdate()

select day(@VarDate)

go

∴∴∴9.3.2 用户自定义函数

根据函数返回值形式的不同将用户定义函数分为三种类型。

（1）标量函数。

标量函数返回一个确定类型的标量值，其函数值类型为 SQL Server 的系统数据类型（除 text，ntext，image，cursor，timestamp，table 类型外）。函数体语句定义在 begin…end 语句内。

（2）内嵌表值函数。

内嵌表值函数返回的函数值为一个表。内嵌表值函数的函数体不使用 begin…end 语句，其返回的表是 return 子句中 select 命令查询的结果集，其功能相当于一个参数化的视图。

（3）多语句表值函数。

多语句表值函数可以看做标量函数和内嵌表值函数的结合体。其函数值也是一个表，但函数体也用 begin…end 语句定义，在返回值表中，数据由函数体中的语句插入。

1. 创建用户定义函数

（1）创建标量函数。

语法格式：

```
create function [owner_name.] function_name
( [{ @parameter_name [AS] scalar_parameter_data_type[=default ] } [ ,...n ] ] )
returns scalar_return_data_type
[ with < function_option> [ [,] ...n] ]
[ as ]
begin
    function_body
    return scalar_expression
end
```

（2）创建内联表值函数。

语法格式：

```
create function [owner_name.] function_name
( [{ @parameter_name [as] scalar_parameter_data_type [=default ] } [ ,...n ] ] )
returns table
[ with < function_option > [ [,] ...n ] ]
[ as ]
return [ ( ] select_stmt [ ) ]
```

（3）创建多语句表值函数。

语法格式：

```
create function[owner_name.] function_name
( [ { @parameter_name [as] scalar_parameter_data_type [ = default ] } [ ,...n ] ] )
returns @return_variable table < table_type_definition >
[ with < function_option > [ [,] ...n ] ]
[ as ]
begin
    function_body
    return
end
```

【例9.8】 创建一个用户定义函数 DatetoQuarter，将输入的日期数据转换为该日期对应的季度值。如输入"2006-8-5"，返回"3Q2006"，表示 2006 年 3 季度。

在 SQL Server Management Studio 查询分析器窗口中运行如下命令：

```
create function DatetoQuarter(@dqdate datetime)
returns char(6)
as
begin return(datename(q,@dqdate)+ 'Q' +datename(yyyy,@dqdate))
end
```

【例9.9】 创建用户定义函数 kc，返回输入课程编号的课程名称和学时。

在 SQL Server Management Studio 查询分析器窗口中运行如下命令：

```
create function kc(@ 课程编号 varchar(30))
returns table
as
return (select 课程名称 , 学时
        from 课程表
        where 课程编号 =@ 课程编号 )
```

2. 执行用户定义函数

使用函数需要指出函数所有者，即为函数加上所有者权限作为前缀。

其语法格式如下：

[database_name.]owner_name.function_name ([argument_expr] [, ...])

例如，调用例 9.8 创建的用户定义函数 kc，使用以下语句：

select * from kc('330202')

运行结果如图 9.1 所示。

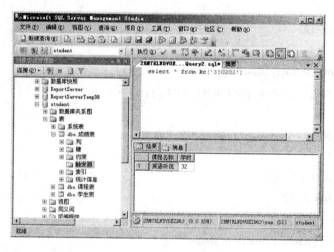

图9.1　运行结果

3. 修改和删除用户定义函数

（1）用 alter function 命令可以修改用户定义函数。此命令的语法与 creat function 相同，使用 alter function 命令相当于重建一个同名的函数。

（2）使用 drop function 命令删除用户定义函数，其语法格式如下：

drop function { [owner_name .] function_name } [,...n]

例如，删除例 9.8 创建的用户定义函数。

drop function DatetoQuarter

删除用户定义函数时，可以不加所有者前缀。

项目 9.4 批处理语句

批处理是包含一个或多个 Transact-SQL 语句的组，批处理中的所有语句被合并为一个执行计划。go 是批处理的结束标志。当编译器执行到 go 时会把 go 前面的所有语句当成一个批处理来执行。go 命令和 Transact-SQL 语句不可处在同一行上。在 go 命令行中可以包含注释。

在批处理的第一条语句后执行任何存储过程必须包含 execute 关键字。局部 (用户定义) 变量的作用域限制在一个批处理中，不可在 go 命令后引用。

return 可在任何时候从批处理中退出，而不执行位于 return 之后的语句。

【例 9.10】 创建一个视图，使用 go 命令将 create view 语句与批处理中的其他语句 (如 use，select 语句等) 隔离。

```
use student
go                          --批处理结束标志
create view student_info
as
select * from 学生表
go                          --create view 语句与其他语句隔离
select * from student_info
go
```

项目 9.5 流控语句

9.5.1 程序块语句和注释

Transact-SQL 提供了控制流语言的特殊关键字和用于编写过程性代码的语法结构，可进行顺序、分支、循环、存储过程、触发器等程序设计，编写结构化的模块代码，并放置到数据库服务器上。

1. 语句块 begin...end

begin...end 用来设定一个语句块，将在 begin...end 内的所有语句视为一个逻辑单元执行。

语句块 begin...end 的语法格式为：

```
begin
{ sql_statement | statement_block }
end
```

【例 9.11】 显示"student"数据库中学生表 1 内学号为"105110303"的学生姓名。

在 SQL Server Management Studio 查询分析器窗口中运行如下命令：

```
use Student
go
declare @ 姓名 char(8)
begin
select @ 姓名 =( select 姓名 from 学生表 where 学号 like '105110303')
select @ 姓名
end
```

go

在 begin...end 中可嵌套另外的 begin...end 来定义另一程序块。

2. 注释

有两种方法来声明注释：单行注释和多行注释。

（1）单行注释。

在语句中，使用两个连字符"--"开头，则从此开始的整行或者行的一部分就成为注释，注释在行的末尾结束。

（2）多行注释。

多行注释方法是 SQL Server 自带特性，可以注释大块跨越多行的代码，它必须用一对分隔符"/* */"将余下的代码分隔开。

9.5.2 选择语句

1. 条件执行语句 if…else

if…else 结构根据条件表达式的值，以决定执行哪些语句。

if…else 的语法格式为：

if Boolean_expression

{ sql_statement | statement_block }　　　--条件表达式为真时执行

[else

{ sql_statement | statement_block }]　　--条件表达式为假时执行

【例 9.12】　判断成绩表中学生的平均成绩是否大于 80。

在 SQL Server Management Studio 查询分析器窗口中运行如下命令：

use student

go

if(select avg(成绩) from 成绩表 >80)

　select ' 学生的平均成绩比 80 大 '

else

　select ' 学生的平均成绩比 80 小 '

go

运行结果如图 9.2 所示。

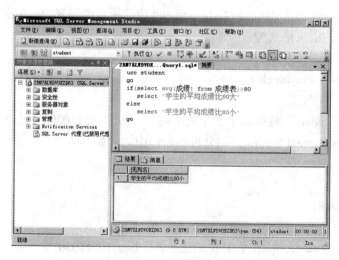

图9.2　if...else语句

【例 9.13】　嵌套 if...else 语句的使用。

在 SQL Server Management Studio 查询分析器窗口中运行如下命令：

```
if(select avg( 成绩 ) from 成绩表 >80)
  print ' 他们是成绩优秀的学生 '
else
  if(select avg( 成绩 ) from 成绩表 >60)
  print ' 他们是成绩较好的学生 '
 else
    print ' 努力吧 !!'
```

2.case 函数

case 函数计算多个条件并为每个条件返回单个值。

(1) 简单 case 函数。

case 函数将某个表达式与一组简单表达式进行比较以确定结果。

```
case input_expression
    when when_expression then result_expression
    [ ...n ]
    [else else_result_expression ]
end
```

(2) case 搜索函数。

case 计算一组逻辑表达式以确定结果。

```
case
    when boolean_expression then result_expression
    [ ... n ]
    [ else else_result_expression ]
end
```

3. 跳转语句 goto

goto 语句将允许程序的执行转移到标签处，goto 语句的语法格式如下：

```
goto label
```

其中，label 为 goto 语句处理的起点。label 必须符合标识符规则。

【例 9.14】 使用 goto 语句改变程序流程。

在 SQL Server Management Studio 查询分析器窗口中运行如下命令：

```
declare @x int
select @x=1
label_1:
select @x
select @x=@x+1
while @x<6
goto label_1
```

4. return 语句

return 语句可使程序从批处理、存储过程或触发器中无条件退出，不再执行本语句之后的任何语句。

return 语句的语法格式为：

```
return [ integer_expression ]
```

【例 9.15】 return 语句应用示例。

在 SQL Server Management Studio 查询分析器窗口中运行如下命令：

```
declare @x int,@y int
select @x=1,@y=2
if @x>@y
  return
else
  return
```

9.5.3 循环语句

while 语句根据条件表达式设置 Transact-SQL 语句或语句块重复执行的次数。如果所设置的条件为真（true）时，在 while 循环体内的 Transact-SQL 语句会一直重复执行，直到条件为假（false）为止。

语法格式为：

while boolean_expression
{ sql_statement | statement_block }
[break]
[sql_statement | statement_block]
[contiue]

break 语句让程序跳出循环，continue 语句让程序跳过 contiue 命令之后的语句，回到 while 循环的第一行命令，重新开始循环。

【例9.16】　计算 s=1!+2!+…+10!。

在 SQL Server Management Studio 查询分析器窗口中运行如下命令：

```
declare @s int,@n int,@t int,@c int
set @s=0
set @n=1
while @n<=10
begin
set @c=1
set @t=1
while @c<=@n
begin
set @t=@t*@c
set @c=@c+1
end
set @s=@s+@t
set @n=@n+1
end
select @s,@n
```

运行结束如图 9.3 所示。

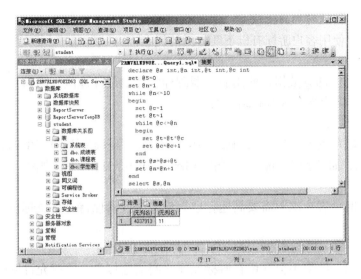

图9.3　运行结果

项目9.6　游　　标

9.6.1 游标的定义

1. 游标的种类

（1）Transact-SQL 游标。

Transact-SQL 游标是由 declare cursor 语句定义，主要用在服务器上，由从客户端发送给服务器的 Transact-SQL 语句或批处理、存储过程、触发器中的 Transact-SQL 语句进行管理。Transact-SQL 游标不支持提取数据块或多行数据。

（2）API 游标。

API 游标支持在 OLE DB,ODBC 以及 DB_library 中使用游标函数，主要用在服务器上。每次客户端应用程序调用 API 游标函数时，SQL Server 的 OLE DB 提供者、ODBC 驱动器或 DB_library 的动态链接库 (DLL) 都会将这些客户请求送给服务器，以对 API 游标进行处理。

（3）客户游标。

只有客户机缓存结果集时才使用客户游标。在客户游标中，有一个默认的结果集被用来在客户机上缓存整个结果集。客户游标仅支持静态游标。在一般情况下，服务器游标能支持绝大多数的游标操作，但不支持所有的 Transact-SQL 语句或批处理，所以客户游标常常仅被用做服务器游标的辅助。

由于 API 游标和 Transact-SQL 游标使用在服务器端，所以被称为服务器游标或后台游标，而客户端游标被称为前台游标。

2. 服务器游标与默认结果集的比较

SQL Server 以两种方式为用户返回结果集：默认结果集和服务器游标。

（1）默认结果集的特点。

开销小；取数据时提供最大性能；仅支持默认的单进、只读游标功能；返回结果行时一次一行；连接时一次只支持一个活动语句；支持所有 Transact-SQL 语句。

（2）服务器游标的特点。

支持所有游标功能；可以为用户返回数据块；在单个连接上支持多个活动语句；以性能补偿游标功能；不支持所有返回多于一行结果集的 Transact-SQL 语句。

使用游标不如使用默认结果集的效率高。在默认结果集中，客户端只向服务器发送要执行的语句。而使用服务器游标时，每个 fetch 语句都必须从客户端发往服务器，在服务器中分析此语句并将它编译为执行计划。

3. 服务器游标与客户端游标的比较

使用服务器游标比使用客户游标有以下几方面的优点：

（1）性能。

如果要在游标中访问部分数据，使用服务器游标将提供最佳性能，因为只有被取到的数据在网络上发送，客户游标在客户端存取所有结果集。

（2）更准确的定位更新。

服务器游标直接支持定位操作，如 update 和 delete 语句，客户游标通过产生 Transact-SQL 搜索 update 语句模拟定位游标更新，如果多行与 update 语句中 where 子句的条件相匹配，则将导致无意义更新。

（3）内存使用。

使用服务器游标时，客户端不需要高速存取大量数据或者保持有关游标位置的信息，这些都由服务器来完成。

（4）多活动语句。

使用服务器游标时，结果不会存留在游标操作之间的连接上，这就允许同时拥有多个活动的基于游标的语句。

4. 服务器游标的类型

SQL Server 支持四种类型的服务器游标，它们是单进游标、静态游标、动态游标和键集驱动游标。

（1）单进游标。

单进游标只支持游标按从前向后顺序提取数据，游标从数据库中提取一条记录并进行操作，操作完毕后，再提取下一条记录。

（2）静态游标。

静态游标也称为快照游标，它总是按照游标打开时的原样显示结果集，并不反映在数据库中对任何结果集成员所做的修改，因此不能利用静态游标修改基表中的数据。静态游标打开时的结果集存储在数据库 tempdb 中。静态游标始终是只读的。

（3）动态游标。

动态游标也称为敏感游标，与静态游标相对，当游标在结果集中滚动时，结果集中的数据记录的数据值、顺序和成员的变化均反映到游标上，用户所做的各种操作均可通过游标反映。

（4）键集驱动游标。

键集驱动游标介于静态游标和动态游标之间，兼有两者的特点。打开键集驱动游标后，游标中的成员和行顺序是固定的。键集驱动游标由一套唯一标识符控制，这些唯一标识符就是键集。用户对基表中的非关键值列插入数据或进行修改造成数据值的变化，在整个游标中都是可见的。键集驱动游标的键集在游标打开时建立在数据库 tempdb 中。

5. 声明游标

（1）SQL-92 游标定义格式。

语法格式如下：

```
declae cursor_name [ insensitive ] [ scroll] cursor
for select_statement
[ for{ read only| update [ of column_name [ ,...n ] ] } ]
```

【例 9.17】 使用 SQL-92 标准的游标声明语句声明一个游标，用于访问 "Student" 数据库中学生表的信息。

在 SQL Server Management Studio 查询分析器窗口中运行如下命令：

```
use student
go
declare student_cur cursor
```

for

select * from 学生表

for read only

go

（2）Transact-SQL 扩展游标定义格式。

语法格式：

declare cursor_name cursor

[local | global]

[forward_only | scroll]

[static | keyset | dynamic | fast_forward]

[read_only| scroll_locks| optimistic]

[type_warning]

for select_statement

[for update [of column_name [,...n]]]

【例9.18】 为学生表定义一个全局滚动动态游标，用于访问学生的学号、姓名信息。

在 SQL Server Management Studio 查询分析器窗口中运行如下命令：

use student

go

declare cur_student cursor

global scroll dynamic

for

select 学号 , 姓名 from 学生表

go

9.6.2 游标的使用

1. 打开游标

游标声明之后，必须打开才能使用。语法格式如下：

open {{[global] cursor_name} | cursor_variable_name }

例如，打开例 9.18 所声明的游标。

open cur_customer

2. 读取游标

一旦游标被成功打开，就可以从游标中逐行读取数据，以进行相关处理。从游标中读取数据主要使用 fetch 命令。其语法格式为：

fetch

[[next|prior|first|last

|absolute {n|@nvar}

|relative {n|@nvar}}

from]

{{[global] cursor_name}| cursor_variable_name }

 [into @variable_name [,...n]]

【例9.19】 打开例 9.18 中声明的游标，读取游标中的数据。

```
open cur_student
fetch next from cur_student          /* 取第一个数据行 */
while @@fetch_status = 0             /* 检查 @@fetch_status 是否还有数据可取 */
```

```
begin
    fetch next from cur_student
end
go
```

3. 关闭游标

close 的语法格式为:

close{ { [global] cursor_name } | cursor_variable_name }

例如, 关闭例 9.18 中的游标 cur_student。

close cur_student

游标 cur_student 在关闭后, 仍可用 open 语句打开继续读取数据行。

4. 释放游标

deallocate 命令删除游标与游标名或游标变量之间的联系, 并且释放游标占用的所有系统资源。其语法格式为:

deallocate { { [global] cursor_name } | cursor_variable_name }

一旦某个游标被删除, 在重新打开之前, 必需再次对其进行声明。

例如, 释放例 9.18 所定义的游标 cur_student。

deallocate cur_student

deallocate cursor_variable_name 语句只删除对游标命名变量的引用, 直到批处理、存储过程或触发器结束时变量离开作用域, 才释放变量。

重点串联

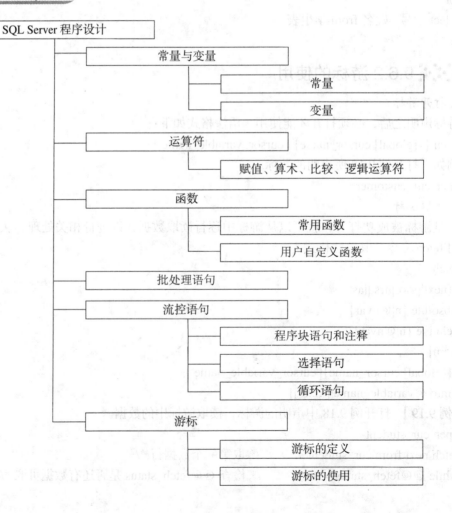

拓展与实训

▶ 基础训练

一、填空题

1. SQL Server 中定义局部变量用_____命令，为局部变量赋值可用_____和_____命令。

2. 比较运算符的结果是布尔数据类型，它有三种值：_____、_____和_____。

3. SQL Server 支持两种函数类型：_____和_____。

4. SQL Server 以两种方式为用户返回结果集：_____和_____。

二、简答题

1. 试写出创建用户定义函数和执行用户定义函数的语法格式。

2. 简述游标使用的步骤。

▶ 技能实训

技能实训1：程序设计。

编写程序：如果计算机专业学生的平均年龄低于20，显示"该专业年龄偏小"，否则显示"该专业年龄偏大"。

技能实训2：游标的定义和使用。

1. 创建包含游标的存储过程。游标存放学生表中符合过程参数的数据记录，每次从游标中读取一条学生数据。

2. 打开为学生表创建的游标，读取游标中的数据。

3. 关闭学生表创建的游标。

4. 释放学生表创建的游标。

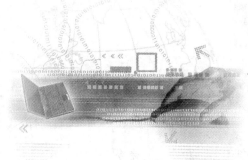

模块10

事务和锁

教学聚焦

事务是作为单个逻辑工作单元执行的一系列操作，该系列操作或都被执行，或都不被执行。锁可以实现数据的锁定，防止多个用户同时访问一个数据库，且多个事务同时使用相同的数据时，发生数据丢失、覆盖或更新等问题。

知识目标

◆ 了解事务和锁

◆ 掌握事务的操作方法

◆ 掌握锁的使用方法

技能目标

◆ 掌握事务的操作方法

课时建议

2 学时

课堂随笔

项目 10.1 事 务

10.1.1 事务概述

1. 事务的基本概念

一个事务是由一系列对数据库的查询操作和更新操作构成的。

事务是数据库系统中执行的一个工作单位，它是由用户定义的一组操作序列。

一个事务可以是一组 SQL 语句、一条 SQL 语句或整个程序，一个应用程序可以包括多个事务。

事务的开始与结束可以由用户显式控制。如果用户没有显式地定义事务，则由 DBMS 按照缺省规定自动划分事务。

在 SQL 语言中，定义事务的语句有以下三条：

begin transaction

commit

rollback

参数说明：

（1）begin transaction：表示事务的开始。

（2）commit：表示事务的提交，即将事务中所有对数据库的更新写回到磁盘上的物理数据库中去，此时事务正常结束。

（3）rollback：表示事务的回滚，即在事务运行的过程中发生了某种故障，事务不能继续执行，系统将事务中对数据库的所有已完成的更新操作全部撤销，再回滚到事务开始时的状态。

【例 10.1】 将"student"数据库中学生表的学号由"105110105"修改为"105110205"。

在 SQL Server Management Studio 查询分析器窗口中运行如下命令：

```
use student
go
begin tran stud_transaction
update 学生表
set 学号 ='105110105'
where 学号 ='105110205'
commit tran stud_transaction
go
```

2. 事务的特征

事务是由有限的数据库操作序列组成，但并不是任意的数据库操作序列都能成为事务，为了保护数据的完整性，一般要求事务具有以下四个特征：

（1）原子性。

一个事务是一个不可分割的工作单位，事务在执行时，应该遵守"要么不做，要么全做"(Nothing or All) 的原则，即不允许事务部分地完成。即使因为故障而使事务未能完成，它执行的部分结果也要被取消。

（2）一致性。

事务对数据库的作用是数据库从一个一致状态转变到另一个一致状态。所谓数据库的一致状态是指数据库中的数据满足完整性约束。例如，在银行企业中，"从账号 A 转移资金额 R 到账号 B"是一个典型的事务，这个事务包括两个操作，从账号 A 中减去资金额 R 和在账号 B 中增加资金额 R，如

果只执行其中一个操作,则数据库处于不一致状态,账务会出现问题。也就是说,两个操作要么全做,要么全不做,否则就不能成为事务。可见,事务的一致性与原子性是密切相关的。

（3）隔离性。

如果多个事务并发地执行,应像各个事务独立执行一样,一个事务的执行不能被其他事务干扰。即一个事务内部的操作及使用的数据对并发的其他事务是隔离的。并发控制就是为了保证事务间的隔离性。

（4）持久性。

持久性指一个事务一旦提交,它对数据库中数据的改变就应该是持久的,即使数据库因故障而受到破坏,DBMS 也应该能够恢复。

10.1.2 事务的操作

1. 建立事务

begin tran[saction]

{ 事务名称 |@tran_name_variable

[with mark['description']] }

2.commit 语句标志事务结束

commit [tran]

[transaction_name|@tran_name_variable]

或

commit [work]

3.rollback 语句

rollback [tran]

[transaction_name|@tran_name_variable|

savepoint_name|@ savepoint_name]

或

rollback [work]

4. 设置保存点

save [tran [savepoint_name]]

补充:以下为可用于事务管理的全局变量。

（1）@@error:给出最近一次执行的出错语句引发的错误号 ,@@error 为 0 表示未出错。

（2）@@rowcount:给出受事务中已执行语句所影响的数据行数。

【例 10.2】 建立并提交事务。

```
use student
go
declare @tranname varchar(20)
select @tranname='student_manager1'
begin tran @tranname
update 成绩表
set 成绩 = 成绩 *0.90
where 课程编号 like '%06'
commit tran @tranname
go
```

【例 10.3】 设置事务保存点。

```
use student
go
begin tran
insert 课程表
values('330115',' 工程数学 ','64')
save tran my_save
delete from 课程表
where 课程名称 =' 高等数学 '
rollback tran my_save
commit tran
go
```

【例 10.4】 使用事务处理方式对成绩表执行更新操作，成功则提交事务，失败则取消事务。

```
use student
go
begin tran student_manager2
update 成绩表
set 成绩 = 成绩 *0.90
where 课程编号 like '%06'
if @@error!=0
rollback tran student_manager2
else
commit tran student_manager2
go
```

项目 10.3 锁

数据库是一个共享资源，允许多个用户程序并行地存取数据库。若对这种并发操作不加以控制，就会破坏数据的一致性。

10.2.1 锁的概念

锁作为一种安全机制，用于控制多个用户的并发操作，防止用户读取正在由其他用户更改的数据或者多个用户同时修改同一数据，确保事务的完整性和数据的一致性。

所谓封锁就是当一个事务在对某个数据对象（可以是数据项、记录、数据集，以至整个数据库）进行操作之前，必须获得相应的锁，以保证数据操作的正确性和一致性。

锁定机制的主要属性是锁的粒度和锁的类型。

1. 锁的粒度

根据对数据的不同处理，封锁的对象可以是这样一些逻辑单元：字段、记录、表、数据库等。锁的对象的大小称之为锁粒度 (Lock Granularity)。

SQL Server 提供了多种粒度的锁，允许一个事务锁定不同类型的资源。锁的粒度越小，系统允许的并发用户数目就越多；数据库的利用率就越高，但封锁机构越复杂，系统开销也就越大，管理锁定所需要的系统资源越多；反之，则相反。为了减少锁的成本，应该根据事务所要执行的任务，合理选择锁的粒度，将资源锁定在适合任务的级别范围内。

由于同时封锁一个记录的概率很小，一般数据库系统都在记录级上进行封锁，以获得更高的并发度。

2. 锁的类型

SQL Server 使用不同的锁模式锁定资源，这些锁模式确定了并发事务访问资源的方式。

常用的锁模式有以下几种：

（1）排他锁 (Exclusive Lock)。

排他锁又称为写锁，简称为 X 锁，其采用的原理是禁止并发操作，用于数据修改操作。

当事务 T 对某个数据对象 R 实现 X 封锁后，其他事务要等 T 解除 X 封锁以后，才能对 R 进行封锁。这就保证了其他事务在 T 释放 R 上的锁之前，不能再对 R 进行操作。

（2）共享锁 (Share Lock)。

共享锁又称为读锁，简称为 S 锁，其采用的原理是允许其他用户对同一数据对象进行查询，但不能对该数据对象进行修改，用于只读取数据的操作。

当事务 T 对某个数据对象 R 实现 S 封锁后，其他事务只能对 R 加 S 锁，而不能加 X 锁，直到 T 释放 R 上的 S 锁。

这就保证了其他事务在 T 释放 R 上的 S 锁之前，只能读取 R，而不能再对 R 做任何修改。

（3）修改锁 (Update Lock)。

修改锁用于可更新的资源中，防止多个会话在读取、锁定及随后可能进行的资源更新时发生常见形式的死锁。

3. 两段锁协议

在运用 X 锁和 S 锁这两种基本封锁对数据对象加锁时，还需要约定一些规则，例如，何时申请 X 锁或 S 锁，持锁时间和何时释放等。我们称这些规则为封锁协议 (Locking Protocol)。对封锁方式规定不同的规则，就形成了各种不同的封锁协议。

两段封锁协议是最常用的一种封锁协议，理论上已经证明使用两段封锁协议产生的是可串行化调度（一个事务的运行次序在并行调度执行的结果等价于某一串行调度执行的结果，则称这种调度是可串行化的调度）。两段锁协议是指每个事务的执行可以分为两个阶段：加锁阶段（生长阶段）和解锁阶段（衰退阶段）。

（1）加锁阶段。

在该阶段可以进行加锁操作。在对任何数据进行读操作之前要申请并获得 S 锁，在进行写操作之前要申请并获得 X 锁。若加锁不成功，则事务进入等待状态，直到加锁成功才继续执行。

（2）解锁阶段。

当事务释放了一个封锁以后，事务进入解锁阶段，该阶段只能进行解锁操作，不能再进行加锁操作。

两段封锁法可以这样来实现：事务开始后就处于加锁阶段，一直到执行 rollback 和 commit 之前都是加锁阶段。

rollback 和 commit 使事务进入解锁阶段，即在 rollback 和 commit 模块中，DBMS 释放所有封锁。

❖❖❖❖ 10.2.2 查看锁的信息

1.SQL Server Mangagement Studio 工具查看锁的信息

依次打开【管理】节点，右键单击【活动监视器】节点，可以进行锁的查看。

2. 用系统存储过程 sp_lock

sp_lock [[@spid1=] 'spid1'][,[@spid2=] 'spid2']

参数说明：

[@spid1=] 'spid1'：指定进程的标识号，该标识号存储在 master.dbo.sysprocesses 中。如果不指定，则显示所有锁的信息。

10.2.3 死锁

封锁技术的引入能有效地解决并发用户的数据一致性问题，但因此可能会引起进程间的死锁问题。

1. 引起死锁的主要原因

两个进程已各自锁住一个页，但又要求访问被对方锁住的页。更一般的情况是，一个事务独占了其他事务正在申请的资源，且若干个这样的事务形成一个等待圈。

2. 死锁的避免

死锁一旦发生，系统效率将会大大下降，因而要尽量避免死锁的发生。

同操作系统避免死锁的方法类似，在数据库环境下，常用的方法有以下几种：

（1）要求每个事务一次就将要使用的数据全部加锁，否则就不能继续执行。

（2）预先规定一个封锁顺序，所有事务都按这个顺序实行封锁，这样也不会发生死锁。

（3）允许死锁发生，系统采用某些方式诊断当前系统中是否有死锁发生。

SQL Server 能自动发现并解除死锁。当发现死锁时，它会选择其进程累计的 CPU 时间最少者所对应的用户作为"牺牲者"（令其夭折），以让其他进程能继续执行。然后将被中断的事务回滚，同时 SQL Server 发送错误号 1205（即 @@error=1205）给牺牲者。

重点串联 ▶▶▶

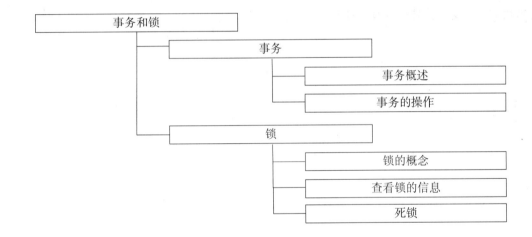

拓展与实训

▶ 基础训练

一、填空题

1.事务具有以下四个特征：_____、_____、_____ 和 _____。

2.常用的锁模式有：_____、_____和_____。

3.引起死锁的主要原因：一个事务独占了其他事务正在申请的资源，且若干个这样的事务形成一个_____。

二、简答题

1.简述事务的操作步骤。

2.什么是锁？如何避免死锁？

▶ 技能实训

实训目的：掌握事务的操作。

实训内容：完成银行转账的事务处理。

模块11

SQL Server安全管理与日常维护

教学聚焦

　　数据的安全性至关重要，SQL Server 2005 提供了有效的数据访问安全机制和简单而丰富的操作手段，用户可以根据系统对安全性的不同需求，采用合适的方式维护数据的安全。备份和恢复是维护数据库安全性和完整性的重要操作。

知识目标

◆ 学习安全认证
◆ 能够创建和管理账户
◆ 掌握数据的导入和导出
◆ 掌握数据库的备份与还原

技能目标

◆ 创建登录账户
◆ 安全管理账户
◆ 备份和还原数据库

课时建议

　　4 学时

课堂随笔

项目 11.1 安全认证

11.1.1 SQL Server 2005 的安全性管理

安全性主要是指允许那些具有相应数据访问权限的用户能够登录到 SQL Server 服务器并访问数据，以及对数据库对象实施各种权限范围内的操作，但是要拒绝所有的非授权用户的非法操作。

SQL Server 2005 的安全性管理可分为三个等级：操作系统级、SQL Server 级和数据库级。

1. 操作系统级的安全性

在用户使用客户计算机通过网络实现 SQL Server 服务器的访问时，用户首先要获得计算机操作系统的使用权。

一般说来，在能够实现网络互联的前提下，用户没有必要向运行 SQL Server 服务器的主机进行登录，除非 SQL Server 服务器就运行在本地计算机上。SQL Server 可以直接访问网络端口，所以可以实现对 Windows NT 安全体系以外的服务器及其数据库进行访问。操作系统安全性是操作系统管理员或者网络管理员的任务。由于 SQL Server 采用了集成 Windows NT 网络安全性机制，所以使得操作系统安全性的地位得到提高，但同时也加大了管理数据库系统安全性的灵活性和难度。

2. SQL Server 级的安全性

SQL Server 的服务器级安全性建立在控制服务器登录账号和口令的基础上。SQL Server 采用了标准 SQL Server 登录和集成 Windows NT 登录两种方式。无论使用哪种登录方式，用户在登录时提供的登录账号和口令，决定了用户能否获得 SQL Server 的访问权，以及在获得访问权以后，用户在访问 SQL Server 时可以拥有的权利。

3. 数据库级的安全性

用户通过 SQL Server 服务器的安全性检验以后，将直接面对不同的数据库入口，这时用户将接受第三次安全性检验。

在建立用户输入账号信息时，SQL Server 会提示用户选择默认的数据库。以后用户每次连接服务器后，都会自动转到默认的数据库上。对任何用户来说，master 数据库的门总是打开的，若设置登录账号时没有指定默认的数据库，则用户的权限将局限在 master 数据库内。

在默认情况下，只有数据库的拥有者才可以访问该数据库的对象，数据库的拥有者可以分配访问权限给其他用户，以便让其他用户也拥有针对该数据库的访问权利。在 SQL Server 中并不是所有的权利都可以转让分配的。

11.1.2 SQL Server 2005 的身份认证

SQL Server 提供两种验证模式：Windows 身份验证模式和混合身份验证模式。

1. Windows 身份验证模式

在 Windows 身份验证中，SQL Server 依赖于 Windows 操作系统提供的登录安全性，SQL Server 检验登录是否被 Windows 验证身份，并根据这一验证来允许访问。SQL Server 将自己的登录安全过程同 Windows 登录安全过程结合起来提供安全登录服务。用户登录一旦通过操作系统的验证，访问 SQL Server 就不再需要其他身份验证了。

2. 混合身份验证模式

如果连接来自一个不安全的系统，可以使用混合模式身份验证。SQL Server 负责维护经过 SQL Server 身份验证的用户的用户名和密码对。SQL Server 将验证登录者的身份，即通过用户提供的登录名、密码和预先存储在数据库中的登录名和密码进行比较来完成身份验证。对 Windows 操作系统下可信任的用户账号，以混合模式连接的 SQL Server 像使用 Windows 身份验证模式一样，直接采用 Windows 来验证用户身份。如果用户无法使用标准 Windows 登录，则 SQL Server 要求提供用户名和密码对，并将其与存储在系统表中的用户名和密码对进行比较。

项目 11.2 创建和管理账户

11.2.1 创建登录账户

1. 使用对象资源管理器实现登录账户的创建

登录属于服务器级的安全策略，要连接到数据库，首先要存在一个合法的登录。

（1）在【对象资源管理器】窗口中，单击展开【安全性】节点，右键单击【登录名】，如图 11.1 所示。

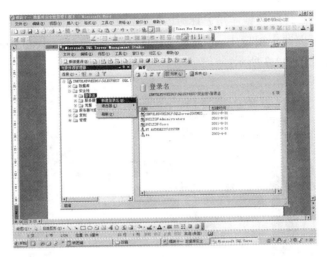

图11.1　新建登录名

（2）在弹出的快捷菜单中选择【新建登录名】命令，打开【登录名－新建】窗口，如图 11.2 所示。

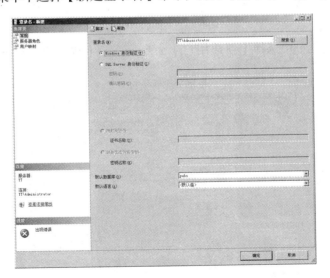

图11.2　新建登录名窗口

（3）单击需要创建的登录模式前的单选按钮，选定验证方式。若选择【SQL Server 身份验证】模式，要完成【登录名】、【密码】、【确认密码】和其他参数的设置。

2. 使用系统存储过程创建登录账户

可以使用系统存储过程 sp_addlogin 创建登录账号。

语法格式：exec sp_addlogin ['login_name'] [，password] [，'database_name']

【例 11.1】 创建一新账户 stu_login，密码为 stu123，默认数据库为 student。

在 SQL Server Management Studio 查询分析器窗口中运行如下命令：

```
use student
go
exec sp_addlogin 'stu_login', 'stu123', 'student'
go
```

11.2.2 创建数据库用户账号

用户是数据库级的安全策略，在为数据库创建新的用户前，必须存在创建用户的一个登录或者使用已经存在的登录创建用户。

1. 使用对象资源管理器创建数据库用户账号

（1）在【对象资源管理器】窗口中，依次展开【数据库】节点、【student】节点及【安全性】节点，右键单击【用户】，如图 11.3 所示。

图11.3　新建数据库用户

（2）在弹出的快捷菜单中选择【新建用户】命令，打开【数据库用户－新建】窗口，如图 11.4 所示。

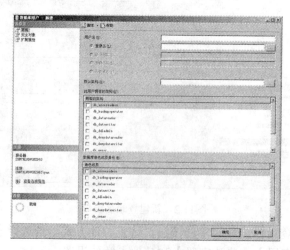

图11.4　【数据库用户－新建】窗口

（3）在【常规】页面中，填写【用户名】，选择【登录名】和【默认架构】名称，添加此用户拥有的架构和此用户的数据库角色。

2. 使用系统存储过程创建数据库用户账号

可以使用系统存储过程 sp_adduser 创建数据库用户。

语法格式：

execsp_adduser ['login_name'] [, 'user_name'] [, 'database_name']

【例 11.2】 在"student"数据库中创建一个新的用户 stu_user。

在 SQL Server Management Studio 查询分析器窗口中运行如下命令：

use student

go

exec sp_adduser 'stu_login', 'stu_user', 'student'

go

11.2.3 管理账户

1. 删除用户账号

（1）使用对象资源管理器删除用户账号。

在【对象资源管理器】窗口中，依次展开【数据库】节点、【student】节点、【安全性】节点及【用户】节点，右键单击要删除的用户名，在弹出的快捷菜单中选择【删除】命令。

（2）使用系统存储过程删除登录账户。

可以使用系统存储过程 sp_revokedbaccess 创建用户账号。

语法格式：

exec sp_revokedbaccess 'user_name'

【例 11.3】 删除用户 stu_user。。

在 SQL Server Management Studio 查询分析器窗口中运行如下命令：

use student

go

exec sp_revokedbaccess 'stu_user'

go

2. 删除登录账号

（1）使用对象资源管理器删除登录账号。

在【对象资源管理器】窗口中，依次展开【安全性】节点及【登录名】节点，右键单击要删除的登录名，在弹出的快捷菜单中选择【删除】命令。

（2）使用系统存储过程删除登录账户。

可以使用系统存储过程 sp_droplogin 创建登录账号。

语法格式：

exec sp_droplogin 'login_name'

【例 11.4】 删除账户 stu_login。

在 SQL Server Management Studio 查询分析器窗口中运行如下命令：

use student

go

exec sp_droplogin 'stu_login'

go

项目 11.3 角色和权限管理 ‖

11.3.1 角色管理

角色用来简化将很多权限分配给用户这一复杂任务的管理。角色允许用户分组接受同样的数据库权限，而不用单独给每一个用户分配这些权限。用户可以使用系统自带的角色，也可以创建一个代表一组用户使用的权限角色，然后把这个角色分配给这个工作组的用户。

一般而言，角色是为特定的工作组或者任务分类而设置的，用户可以根据自己所执行的任务成为一个或多个角色的成员。当然，用户可以不必是任何角色的成员，也可以为用户分配个人权限。

1. 固定服务器角色

服务器角色是负责管理与维护 SQL Server 的组。在 SQL Server 安装时就创建了在服务器级别上应用的大量预定义的角色，每个角色对应着相应的管理权限，这些被称为固定服务器角色。这些固定服务器角色用于授权给 DBA（数据库管理员），拥有某种或某些角色的 DBA 就会获得与相应角色对应的服务器管理权限。

通过给用户分配固定服务器角色，可以使用户具有执行管理任务的角色权限。固定服务器角色的维护比单个权限维护更容易些；但是固定服务器角色不能修改。

SQL Server 2005 在安装过程中定义了几个固定服务器角色，其权限见表 11.1。

表 11.1　固定服务器角色及其权限

固定服务器角色	权　限
sysadmin	可在 SQL Server 中执行任何活动
serveradmin	可以设置服务器范围的配置选项，也可关闭服务器
setupadmin	可以管理连接服务器和启动过程
securityadin	可以管理登录和创建数据库的权限，也可读取错误日志和更改密码
processadmin	可以管理运行中的进程
dbcreator	可以创建、修改和删除数据库
diskadmin	可以管理磁盘文件
bulkadmin	可以执行大容量插入语句

（1）在【对象资源管理器】中，依次展开【安全性】节点和【服务器角色】节点，如图 11.5 所示，在要给用户添加的目标角色上单击鼠标右键，在弹出的快捷菜单中选择【属性】命令。

图 11.5　利用【对象资源管理器】为用户分配固定服务器角色

（2）在【服务器角色属性】窗口中单击【添加】按钮，如图11.6所示。

图 11.6 【服务器角色属性】窗口

（3）在【选择登录名】对话框中，单击【浏览】按钮，如图11.7所示。

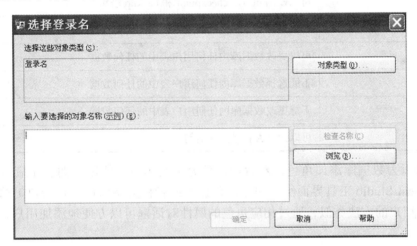

图 11.7 【选择登录名】对话框

（4）在【查找对象】对话框中，选择目标用户前的复选框，选中其用户，如图11.8所示，单击【确定】按钮，依次返回。

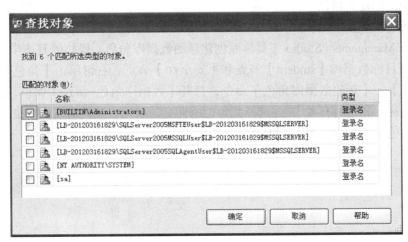

图11.8 【查找对象】对话框

2. 数据库角色

在安装 SQL Server 时，数据库级别上也有一些预定义的角色，在创建每个数据库时都会添加这些角色到新创建的数据库中，每个角色对应着相应的权限，这些角色被称为数据库角色。数据库角色用于授权给数据库用户，拥有某种或某些角色的用户会获得相应角色对应的权限。

数据库角色分为标准角色和应用程序角色。标准角色是由数据库成员所组成的组；应用程序角色用来控制应用程序存取数据，本身不包括任何成员。

标准角色及其权限见表 11.2。

表 11.2　标准角色及其权限

标准角色	权　限
db_owner	在数据库中有全部权限
db_accessadmin	可以添加和删除用户 ID
db_securityadmin	可以管理全部权限、对象所有权限，拥有角色和角色成员资格
db_ddladmin	可以发出除 grant、revoke 和 deny 之外的所有数据定义语句
db_backupoperator	可以发出 dbcc、checkpoint 和 backup 语句
db_datareader	可以选择数据库内任何用户表中的任何数据
db_datawrite	可以更改数据库内任何用户表中的任何数据
db_denydatareader	不能选择数据库内任何用户表中的任何数据
db_denydatawriter	不能更改数据库内任何用户表中的任何数据
bulkadmin	可以执行大容量插入语句

标准角色可以为数据库添加角色，然后把角色分配给用户，使用户拥有相应的权限，在 SQL Server Management Studio 工具界面给用户添加角色（或者称为将角色授权用户）的操作与将固定服务器角色授予用户的方法类似，通过相应角色的属性对话框可以方便地添加用户，使用户成为角色成员。

另外，用户也可以使用 Transact-SQL 命令创建新角色，使这一角色拥有某个或某些权限；创建的角色还可以修改其对应的权限。无论使用哪种方法，用户都需要完成下列任务：

（1）创建新的数据库角色。

（2）分配权限给创建的角色。

（3）将这个角色授予某个用户。

在 SQL Server Management Studio 工具界面创建新的数据库角色，操作的具体步骤如下：

（1）依次展开目标数据库【student】节点和【安全性】节点，右键单击【角色】，在弹出的快捷菜单中选择【新建】→【新建数据库角色】命令，打开【数据库角色-新建】窗口，在【常规】页面中，添加【角色名称】和【所有者】，并选择此角色所拥有的架构。在此对话框中也可以单击【添加】按钮为新创建的角色添加用户，如图 11.9 所示。

图11.9　【数据库角色-新建】对话框的【常规】页面

（2）选择【选择页】中的【安全对象】项，进入权限设置页面（即【安全对象】页面），如图11.10所示。接下来的操作就是通过【添加】按钮为新创建的角色添加所拥有的数据库对象的访问权限。

图11.10　【数据库角色-新建】对话框的【安全对象】页面

11.3.2 权限管理

1. 使用对象资源管理器设置权限

（1）服务器权限。

服务器权限允许数据库管理员执行任务。这些权限定义在固定服务器角色中。这些固定服务器角色可以分配给登录用户，但这些角色是不能修改的。一般只把服务器权限授给 DBA（数据库管理员），它不需要修改或者授权给别的用户登录。

（2）数据库对象权限。

数据库对象是授予用户以允许他们访问数据库中对象的一类权限，对象权限对于使用 SQL 语句访问表或者视图是必须的。

在【对象资源管理器】窗口中依次展开【student】节点和【用户】节点，右键单击要设置的用户名，在弹出的快捷菜单中选择【属性】命令，打开【数据库用户】对话框，选择【选择页】窗口中的【安全对象】项，进入权限设置页面，如图 11.11 所示。

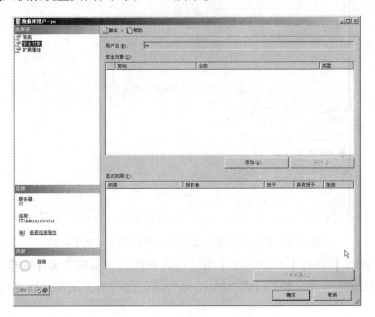

图11.11 新建数据库用户

单击【添加】按钮，出现【添加对象】对话框，如图 11.12 所示，单击要添加的对象类别前的单选按钮，添加权限的对象类别，然后单击【确定】按钮。

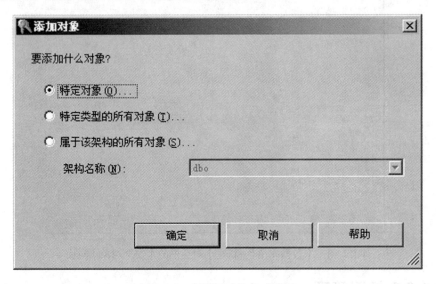

图11.12 【添加对象】对话框

打开【选择对象】对话框，如图 11.13 所示，从中单击选择【对象类型】按钮。

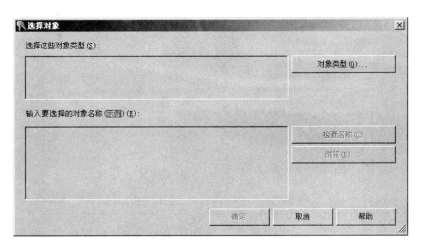

图11.13　【选择对象】对话框

打开【选择对象类型】对话框，依次选择需要添加权限的对象类型前的复选框，选中其对象，如图 11.14 所示，最后单击【确定】按钮。

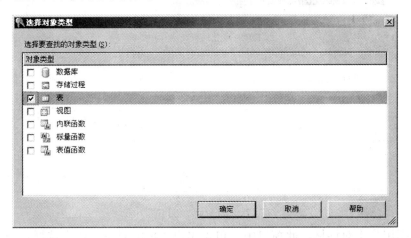

图 11.14　【选择对象类型】对话框

返回【选择对象】对话框，此时在该对话框中出现了刚才选择的对象类型，如图 11.15 所示，单击该对话框中的【浏览】按钮。

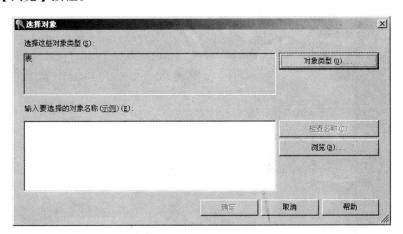

图 11.15　【选择对象】对话框

打开【查找对象】对话框，依次选择要添加权限的对象前的复选框，选中其对象，如图 11.16 所示，最后单击【确定】按钮。

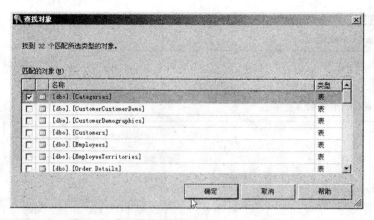

图11.16　【查找对象】对话框

返回【选择对象】对话框，此窗口中已包含了选择的对象，如图 11.17 所示。确定无误后，单击该对话框中的【确定】按钮，完成对象选择操作。

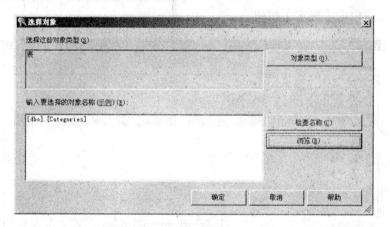

图 11.17　【选择对象】对话框

返回【数据库用户】对话框，此窗口中已包含用户添加的对象。依次选择每一个对象，并在下面该对象的【显示权限】窗口中根据需要选择【授予 / 拒绝】列的复选框，添加或禁止对该对象的相应访问权限。设置完每一个对象的访问权限后，单击【确定】按钮，完成给用户添加数据库对象权限的所有操作，如图 11.18 所示。

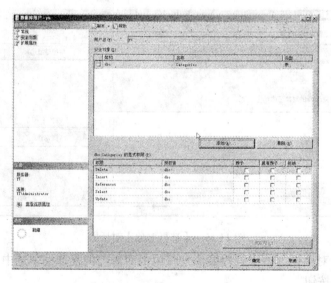

图11.18　【数据库用户】窗口

（3）数据库权限。

对象权限使用用户能够访问存在于数据库中的对象，除了数据库对象权限外，还可以给用户分配数据库权限。SQL Server 2005对数据库权限进行了扩充，增加了许多新的权限，这些数据库权限除了授权用户可以创建数据库对象和进行数据库备份外，还增加了一些更改数据库对象的权限。

（1）在【对象资源管理器】窗口中，展开【数据库】节点，右键单击【student】，在弹出的快捷菜单中选择【属性】命令，打开【数据库属性】窗口，如图11.19所示。

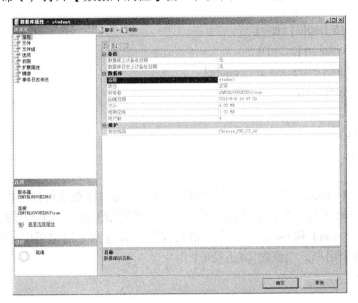

图11.19　【数据库属性】窗口

（2）选择【选择页】窗口中的【权限】项，进入权限设置页面，在该页面的【用户或角色】中选择要添加数据库权限的用户，如图11.20所示。

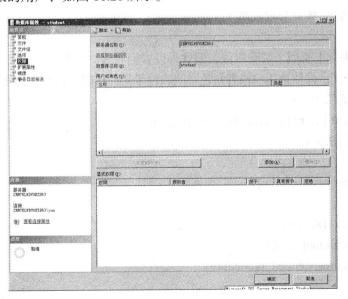

图11.20　【权限】设置窗口

如果该用户不在列表中，请单击【添加】按钮，添加该用户到当前数据库中。然后在该用户的【显示权限】中添加相应的数据库权限。最后单击【确定】按钮，完成操作。

2. 使用Transact-SQL语句设置权限

（1）授予语句权限。

语法格式：

grant {all} statement [,…n]}

to security_account [,…n]

（2）授予对象权限。

语法格式：

grant ｛all[privileges] | permission[,…n]}

｛

[（column[,…n]）] on {table | view}

| on {table | view}[(column [,…n])]

| on {stored_procedure | extended_procedure}

| on {user_defined_function}

｝

to security_account[,…n]

[with grant option]

[as {group|role}]

如果指定 with grant option 子句，则获得某种权限的用户还可以把这种权限再授予其他用户。如果没有指定 with grant option 子句，则获得某种权限的用户只能使用该权限，不能传播该权限。

【例 11.5】 给用户 user1 和 user2 授予多个语句权限，即这两个用户可以创建数据库和创建表的权限。（如果没有这两个用户，应该先添加这两个用户）

```
use master
go
grant create database, create table
to user1,user2
go
```

3. 使用 Transact-SQL 语句管理权限

（1）拒绝权限。

拒绝权限在一定程度上类似于废除权限，但这种设置拥有最高优先权，即只要指定一个保护对象拒绝一个用户或者角色访问，即使该用户或者角色被明确授予某种权限，仍然不允许执行相应的操作。

拒绝语句权限的语法为：

deny {all} statement [,…n]} to security_accout[,…n]

拒绝对象权限的语法为：

```
deny
{all [privileges] | permission[,…n]}
{
[(column[,…n])] on {table|view}
| on {table|view}[(column[,…n])]
| on {stored_procedure|extended_procedure}
}
to security_account[,…n]
[cascade]
```

【例 11.6】 拒绝给用户 user1 和 user2 授予多个语句权限。

```
use master
deny create database,create table
to user1,user2
```

go

【例11.7】 拒绝给用户 user1 和 user2 授予对学生表的所有权限。

先给 public 角色撤销学生表的 select 权限，然后拒绝给用户 user1 和 user2 授予特定权限。

use student

go

revoke select on 学生表 to public

deny insert,update,delete on 学生表 to user1,user2

go

（2）撤销权限。

撤销以前给当前数据库内的用户授予或拒绝的权限，可通过 revoke 语句来完成任务。

【例11.8】 撤销授予用户账号 user1 的 create table 权限。

revoke create table from user1

【例11.9】 撤销授予多个用户账户的多个权限。

revoke create table,create default from user1, user2

综上所述，SQL Server 2005 提供了非常灵活的授权机制，数据库管理员拥有对数据库中所有对象的所有权限，并可以根据应用的需要将不同的权限授予不同的用户。

项目 11.4 数据的导入和导出 ▎▎▎

SQL Server 2005 提供了多种工具用于数据的导入与导出，也就是可以将数据从一种数据环境转换为另一种数据环境。这些数据源包括文本文件、ODBC 数据源和 Excel 电子表格等。这种数据的导入与导出功能不但可以对数据进行灵活的处理，同时也提高了数据的安全性。本项目主要介绍导入 Excel 表和导出数据至 Excel。

11.4.1 数据的导入

前面在介绍创建数据库时我们建立了一个 "student" 数据库，下面通过以下具体步骤把 Excel 表导入到该数据库中。

（1）在【对象资源管理器】中展开【数据库】节点，右键单击【student】节点，在弹出的快捷菜单中选择【任务】→【导入数据】选项，打开【SQL Server 导入和导出向导】窗口，单击【下一步】按钮，窗口界面切换至【选择数据源】，如图 11.21 所示。

图11.21 【选择数据源】界面

这里需要导入的是 Excel 表中的数据，所以在【数据源】下拉列表中选择【Microsoft Excel】选项，然后单击【Excel 文件路径】后的【浏览】按钮，选择要导入的 Excel 表格文件，最后在【Excel 版本】下拉列表中选择【Microsoft Excel97.2005】。

（2）单击【下一步】按钮后，界面切换到【选择目标】界面，如图 11.22 所示。

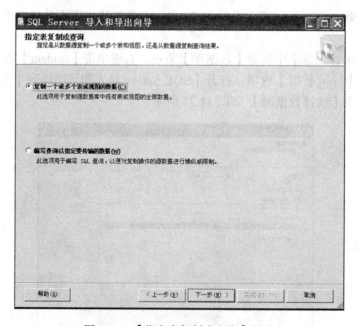

图11.22　【选择目标】界面

该界面主要用来选择数据所要导入的数据库。在【目标】下拉列表中选择【SQL Native Client】；在【服务器名称】下拉列表中选择数据库所在的服务器，最后在【数据库】下拉列表中选择数据库，这里需要选择 "student" 数据库。

（3）单击【下一步】按钮，界面切换到【指定表复制或查询】窗口，选中【复制一个或多个表或视图的数据】单选按钮，如图 11.23 所示。

图11.23　【指定表复制或查询】界面

（4）单击【下一步】按钮，界面切换到【选择源表和源视图】界面，如图 11.24 所示。该界面用来选择需要复制的表和视图。这里需要选择第一个工作簿，同时还可以通过【编辑】进行查看和修改。

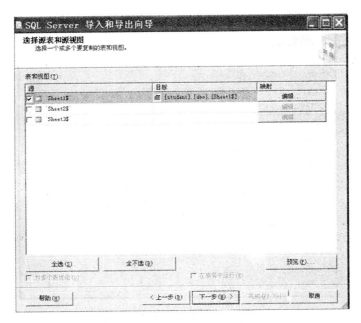

图11.24　【选择源表和源视图】界面

（5）单击【下一步】按钮，界面切换到【保存并执行包】界面，如图 11.25 所示。这里勾选【立即执行】复选框。

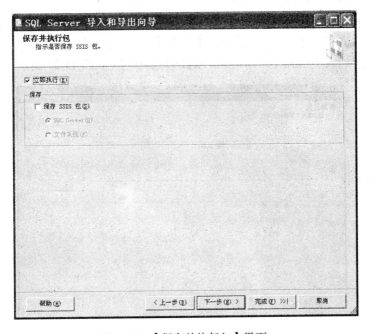

图11.25　【保存并执行包】界面

（6）单击【下一步】按钮，在弹出的窗口中单击【完成】按钮，即可完成将 Excel 表导入数据库中的操作。

11.4.2 数据的导出

SQL Server 2005 不仅可以将数据导入，还可以将数据导出到其他数据库、文本文件或 Excel 表格等。下面介绍如何将"student"数据库的基本表学生表中的数据导出为 Excel 表格。

（1）在【对象资源管理器】中展开【数据库】节点，右键单击目标数据库【student】节点，在弹出的快捷菜单中选择【任务】→【导出数据】选项，打开【SQL Server 导入和导出向导】窗口，单击【下一步】按钮，窗口界面切换至【选择数据源】界面，如图 11.26 所示。

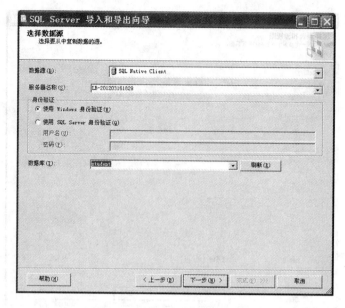

图11.26　【选择数据源】界面

　　这里需要导出的是 SQL Server 数据库中的数据，所以在【数据源】下拉列表中选择【SQL Native Client】选项，然后在【服务器名称】下拉列表中选择数据库所在的服务器，最后在【数据库】下拉列表中选择数据库，这里选择 "student" 数据库。

　　（2）单击【下一步】按钮，窗口界面切换至【选择目标】界面。在【目标】下拉列表中选择【Microsoft Excel】，然后单击【Excel 文件路径】后的【浏览】按钮，选择一个 Excel 表格文件，最后在【Excel 版本】下拉列表中选择【Microsoft Excel 97-2005】，如图 11.27 所示。

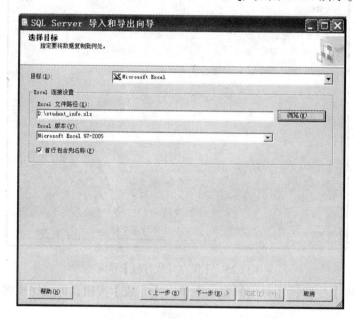

图11.27　【选择目标】界面

　　（3）单击【下一步】按钮，界面切换到【指定表复制或查询】，选中【复制一个或多个表或视图的数据】单选按钮，如图 11.28 所示。

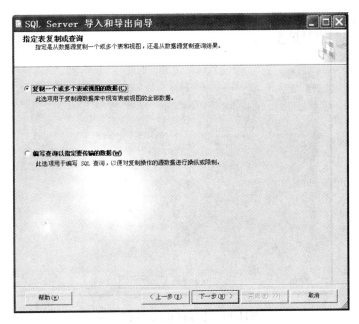

图11.28 【指定表复制或查询】界面

（4）单击【下一步】按钮，界面切换到【选择源表和源视图】界面，如图 11.29 所示。该界面用来选择需要导出的表和视图。这里需要选择"学生表"，同时还可以通过【编辑】进行查看和修改。

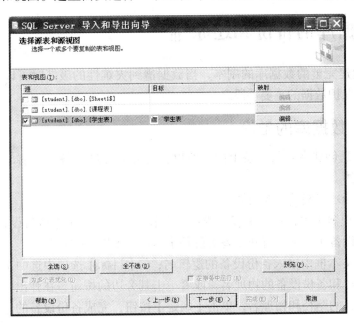

图11.29 【选择源表和源视图】界面

（5）单击【下一步】按钮，界面切换到【保存并执行包】界面，如图 11.30 所示。这里勾选【立即执行】复选框。

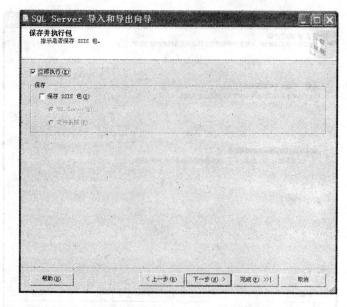

图11.30 【保存并执行包】界面

（6）单击【下一步】按钮，在弹出的窗口中单击【完成】按钮，即可完成将 SQL Server 数据库中基本表的数据导出到 Excel 表格中的操作。

项目 11.5 数据库的备份和还原 ‖‖

数据库备份是创建完整的数据库的副本，当数据遭到灾难性的破坏时可以用副本恢复数据。数据备份和数据还原是保护数据的重要手段之一。

11.5.1 数据库的备份

SQL Server 备份是创建在备份设备上的，所以在对数据库进行备份之前，需要创建一个备份设备，如磁盘或磁带媒体。

1. 使用对象资源管理器创建备份设备

在【对象资源管理器】中，展开【服务器对象】节点，右键单击【备份设备】，在弹出的快捷菜单中选择【新建备份设备】选项，打开【备份设备】窗口，如图 11.31 所示。

在【备份名称】文本框中输入备份设备的逻辑名；在【目标】选项中选中【文件】单选按钮，输入保存备份设备的路径和备份设备的物理名，或者单击其旁边的按钮，在弹出的【浏览文件夹】对话框中选择保存备份设备的路径和物理名，单击【确定】按钮，完成备份设备的创建。

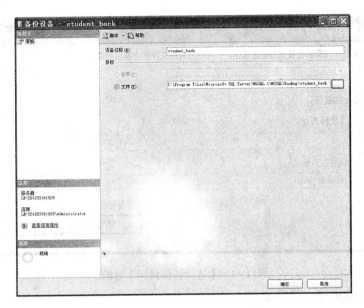

图11.31　新建【备份设备】对话框

2.使用对象资源管理器备份数据库

（1）在【对象资源管理器】中，右键单击需要进行备份操作的数据库，在弹出的快捷菜单中选择【任务】→【备份】选项，打开【备份数据库】窗口，如图11.32所示。

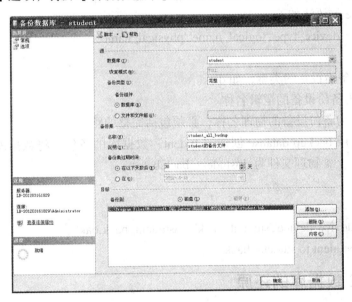

图11.32　【备份数据库】窗口

在【数据库】下拉列表中选择要备份的数据库；在【备份类型】列表框选择备份的类型。

在【备份组件】下选择要备份的内容（如数据库、文件和文件组），若选择【数据库】，则将备份整个数据库；若选择【文件和文件组】，则自动弹出【选择文件和文件组】对话框，从中选择需要进行备份的文件或文件组。如果在【备份类型】下拉列表中选择【事务日志】，则【备份组件】不可用。【备份集】选项区中的【名称】用来指定备份集的名称，系统将根据数据库名称和备份类型自动生成一个默认名称；【说明】文本框中可以输入对备份集的说明；【备份集过期时间】用来指定备份集过期时间。

（2）单击【目标】选项区中的【添加】按钮，弹出【选择备份目标】对话框，选中【备份设备】单选按钮，然后在其下拉列表框中选择一个备份设备，单击【确认】返回，如图11.33所示。

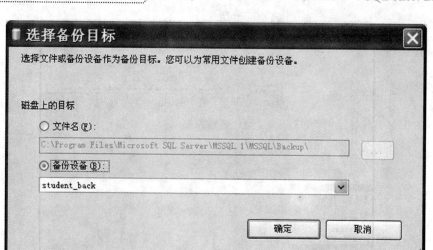

图11.33　【选择备份目标】对话框

3. 使用 Transact-SQL 语句备份数据库

backup 命令用来对指定的数据库进行完整备份，以及对文件和文件组、事务日志进行备份。

备份数据库语法如下：

backup databse database_name to backup_device

一般先用 sp_addumpdevice 创建备份设备，然后再用 backup databse 备份数据库。

sp_addumpdevice 的语法如下：

sp_addumpdevice 'device_type','logical_name','physical_name'

参数说明：

device_type：为备份设备的类型，如 disk。

logical_name：为备份设备的逻辑名称。

physical_name：为备份设备的物理名称，必须包括完整的路径。

【例 11.10】　使用 backup databse 创建"student"数据库的备份。将数据库备份到名为 student_back 的逻辑备份设备上（物理文件为 d:\student_back.bak）。

use master

go

exec sp_addumpdevice 'device','student_back','d:\student_back.bak'

backup database student to student_back

11.5.2 数据库的还原

还原数据库就是当数据库中的数据遭受破坏时，可以使用备份文件让数据库还原到备份时的状态。

1. 使用【对象资源管理器】还原数据库

下面以还原"student"数据库为例，具体步骤如下：

（1）在【对象资源管理器】中，展开数据库，右键单击【student】数据库，在弹出的快捷菜单中，选择【任务】→【还原】→【数据库】命令，打开【还原数据库】窗口，选择【常规】选项，在【目标数据库】下拉列表中为还原操作选择现有数据库的名称或输入新的数据库名称；在【选择用于还原的备份集】列表框中选择还原的源数据库或者用于还原的源设备，如图 11.34 所示。

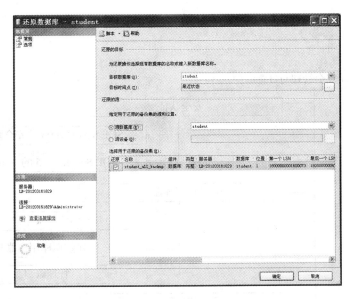

图11.34 【还原数据库】窗口

（2）选择【选项】，可以查看和修改【还原选项】，如图 11.35 所示。

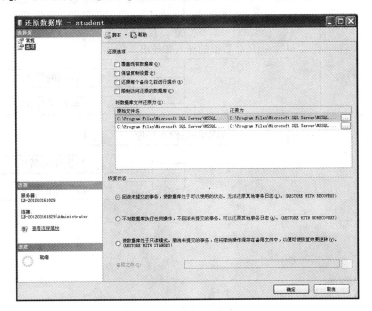

图11.35 【还原数据库–选项】窗口

2. 使用 Transact-SQL 语句还原数据库

还原数据库的语法格式：

restore database database_name from backup_device

【例 11.11】 利用"student"数据库的备份文件还原该数据库。

use master

go

restore database student from disk='d:\student_back.bak'

重点串联 ▶▶▶

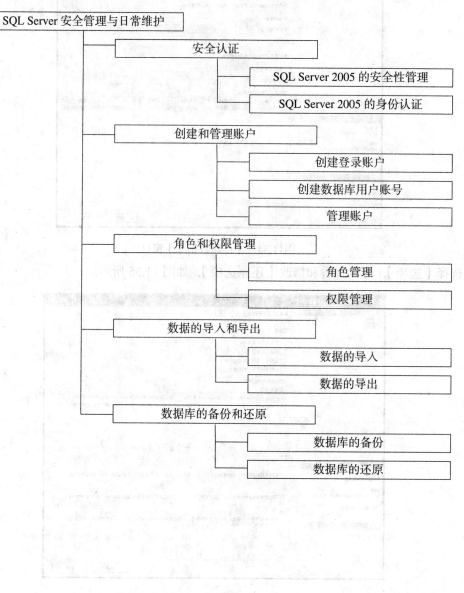

拓展与实训

▶ 基础训练

一、填空题

1. SQL Server 安全性机制分为以下三个级别：_____、_____和_____。

2. 登录身份验证模式有_____和_____。

3. 还原数据库的命令是_____。

二、简答题

1. 什么是数据库的安全性？

2. 怎样保证数据库的安全性？

3. SQL Server 2005 的权限管理语句有哪些？怎样使用？

4. 在 SQL Server 2005 中，什么功能可以将数据从一种数据环境转换为另一种数据环境？具体是怎样操作的呢？

▶ 技能实训

技能训练 1：创建用户和权限管理。

　　实训内容：创建一个名为"myuser"的用户，对 "student" 数据库中的学生表只有查询的权限，没有删除、插入、更新等维护权限。然后以"myuser"用户通过查询分析器登录到 SQL Server 服务器，对学生表进行增删改及查询操作。

技能训练 2：创建用户和权限管理综合题。

　　实训内容：

1. 创建登录名为 user，密码为 123，默认数据库是 "student"，并能连接到 "student" 数据库的用户。

2. 把成绩表的权限授予用户 user。

3. 把对学生表的全部操作权限授予 user。

4. 把对学生表的查询权限授予所有用户。

5. 撤销所有用户对成绩表的查询权限。

技能训练 3：数据库的备份还原与数据的导入导出。

　　实训内容：现有关系数据库如下：

数据库名：医院数据库

该数据库主要包括以下关系模式：

医生表（编号，姓名，性别，出生日期，职称）

病人表（编号，姓名，性别，民族，身份证号）

病历表（ID，病人编号，医生编号，病历描述）

1. 建立备份设备为 DB_bk。

2. 在备份设备 DB_bk 上对医院数据库进行备份。

3. 把医生表导出为 Excel 表格。

参考文献

[1] 周奇、余桥伟 .SQL Server 2005 数据库及应用 [M]. 北京：清华大学出版社 ,北京交通大学出版社，2010.

[2] 吴小刚 .SQL Server 2005 数据库原理与实训教程 [M]. 北京：北京交通大学出版社，2010.

[3] 李军 .SQL Server 2005 数据库原理与应用案例教程 [M]. 北京：北京大学出版社，2009.

[4] 数张蒲生 . 据库应用技术 SQL Server 2005 基础篇 [M]. 北京：机械工业出版社，2011.

[5] 周慧 . 数据库应用技术（SQL Server 2005）[M]. 北京：人民邮电出版社，2009.

[6] 数董健全、丁宝康 . 据库实用教程 [M].3 版 . 北京：清华大学出版社，2008.

[7] 宋金玉 . 数据库原理与应用 [M]. 北京：清华大学出版社，2011.

[8] 黄斌生 . 数据库原理及应用 [M]. 北京：电子工业出版社，2008.

[9] 李春葆 . 数据库原理与应用——基于 SQL Server 2005 [M]. 北京：清华大学出版社，2009.

[10] 李俊山，罗蓉，叶霞，等 . 数据库原理及应用（SQL Server）[M].2 版 . 北京：清华大学出版社，2009.

[11] 闪四清 . 中文版 SQL Server 2005 数据库应用实用教程 [M]. 北京：清华大学出版社，2010.

[12] 陈伟 .SQL Server 2005 数据库应用与开发教程 [M]. 北京：清华大学出版社，2010.

[13] 林小玲 . 数据库原理与应用 [M]. 北京：机械工业出版社，2011.

[14] 孙锋 . 数据库原理与应用 [M]. 北京：清华大学出版社，2008.

[15] 尉鹏博 . 数据库原理与应用 [M]. 西安：西安电子科技大学出版社，2009.

[16] 唐学忠 .SQL Server 2005 数据库教程 [M]. 2 版 . 北京：电子工业出版社，2011.

[17] 高凯 . 数据库原理与应用 [M]. 北京：电子工业出版社，2011.

[18] 王伟 .SQL Server 2005 数据库系统应用开发技能教程 [M]. 北京：北京大学出版社，2010.

[19] 贾艳宇 .SQL Server 数据库基础与应用 [M]. 北京：北京大学出版社，2010.

[20] 詹英、颜慧佳、白雪冰 . 数据库技术与应用——SQL Server 2005 教程 [M]. 北京：清华大学出版社，2011.